JN185148

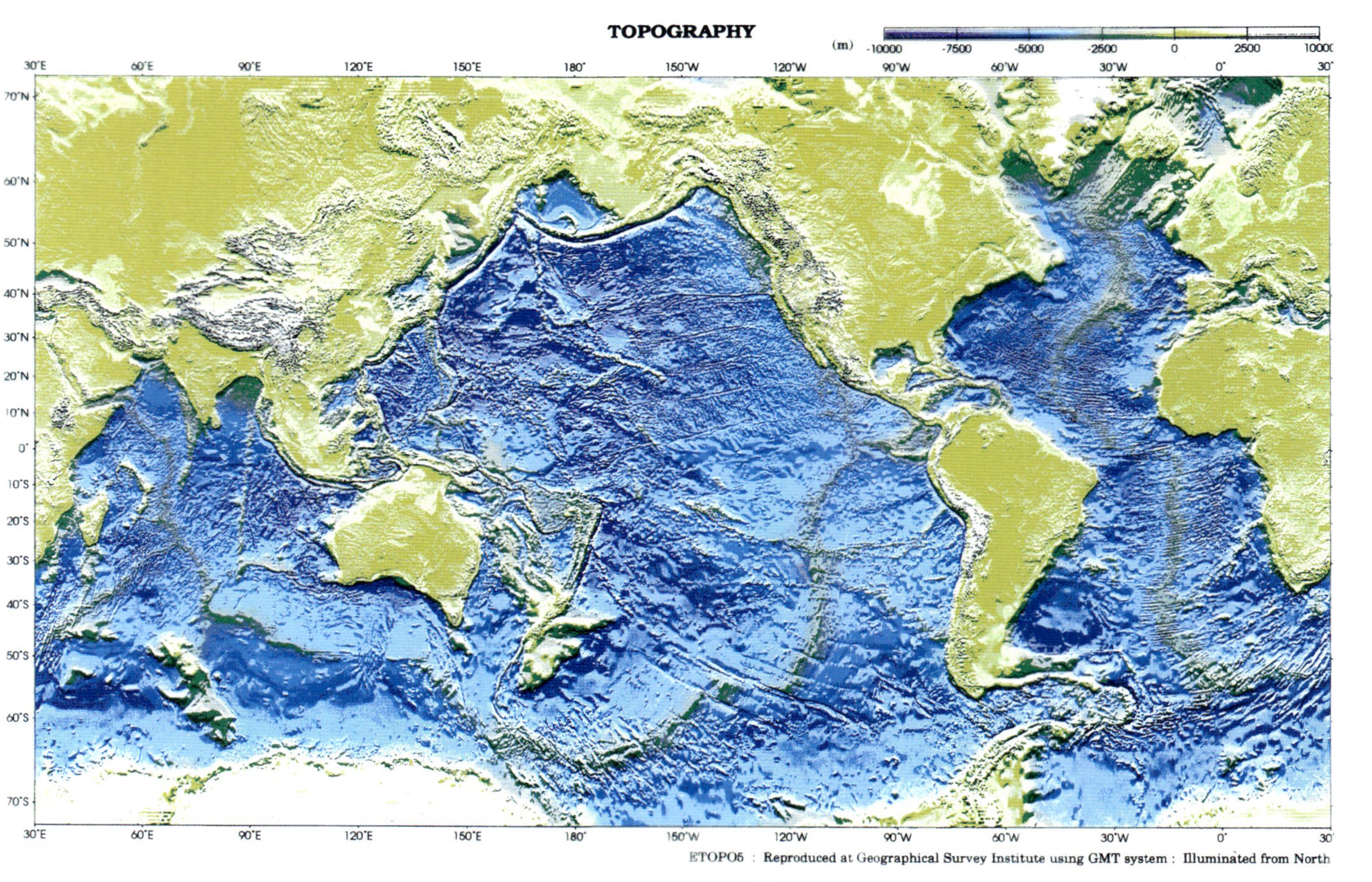

口絵1　世界海底地形図
ETOPO5 より.

口絵２　石の写真３種類
左から順に花崗岩，玄武岩，かんらん岩．これらは地球で最もありふれたたくさんある岩石．

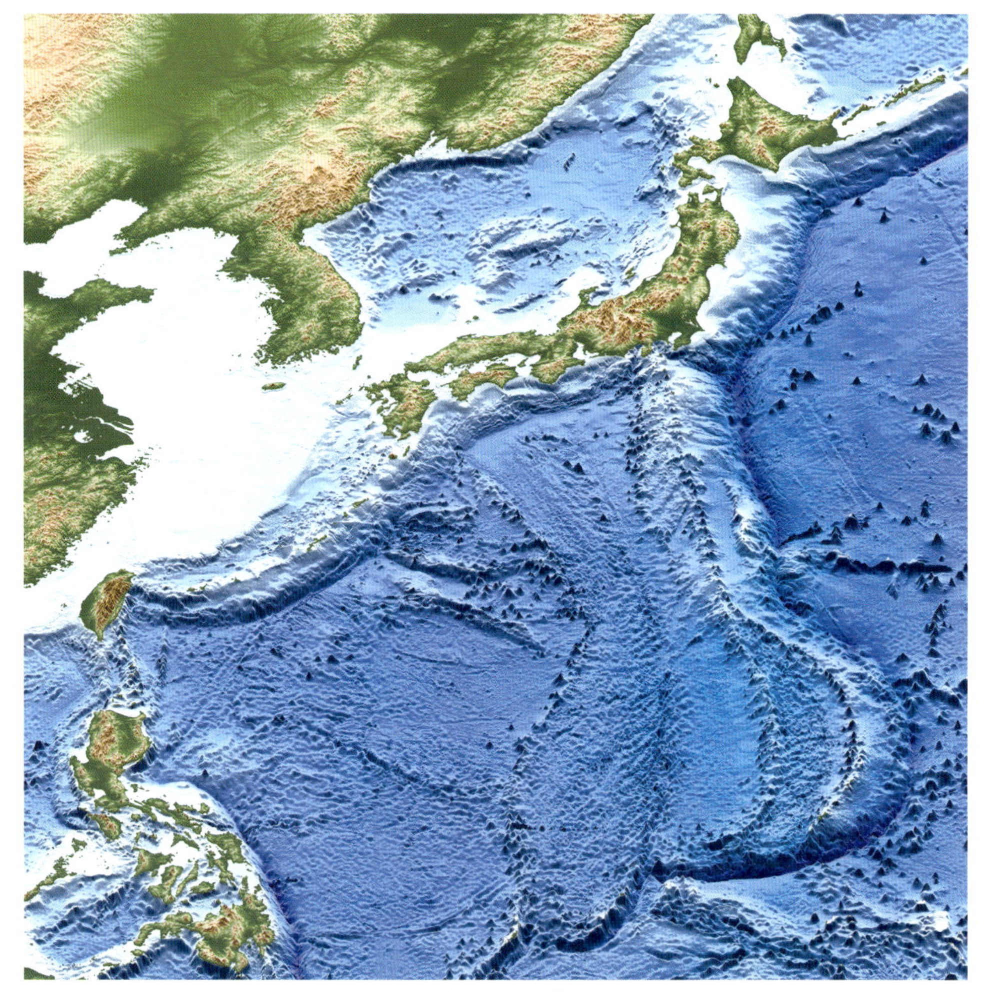

口絵３　日本列島周辺の海底地形図
日本水路協会発行「海のアトラス」より．

藤岡 換太郎 著

深海底の地球科学

朝倉書店

はじめに

深海とはどのような世界だろうか．そこにはいったいどのような生物が生息しているのだろうか．海の底はいったいどのようになっているのだろうか．1872 年から 1876 年まで 5 年間かけて世界一周した英国の「チャレンジャー号」航海に乗船した若い研究者たちはそれを明らかにしようと世界中の海を調査してきた．あれから今年でおよそ 140 年になる．「チャレンジャー号」の航海から海に関しての近代的なさまざまな研究が始まった．

1997 年に筆者は NHK ブックスから拙著『深海底の科学』なるものを上梓した．これは日本列島周辺の島弧–海溝系のそれまでの研究のまとめであった．そのため海嶺などほかの海洋の大きな構造については書かれていない．それから 19 年が経った今，深海底の研究はさらに進んでいる．さまざまな新しい観測船や観測機器が導入され，新しい発見もあり随分と進んできた．またプレートが沈み込む場所以外に，プレートができる場所，すれ違う場所，海山や海台に関してもいろいろ知りたいことがあるに違いない．

特に重要なのは，1993 年から始まった国際的なプロジェクトである Inter-Ridge 計画に日本も参加して，海嶺の研究が進んできたことである．1998 年には現・東京大学大気海洋研究所の「白鳳丸」が世界一周し，1994 年と 1998 年には現在の国立研究開発法人海洋研究開発機構の調査船「よこすか」が世界一周した（MODE'94 および MODE'98）．2003 年には同じく「みらい」が南半球を一周し（BEAGLE2003），2013 年には「よこすか」がやはり南半球を一周した（QUELLE2013）．この間世界の研究の進展は目覚ましく，主な海嶺や沈み込み帯そして背弧海盆などでいろいろな集中観測が行われてきた．また海底資源の開発のために熱水噴出孔やメタンハイドレートに関する研究も数多く行われてきた．

今回は世界の海の底がどうなっているのかを海洋と陸上の観点から眺めてみようというのが本書の目指すところである.

本書を読むにあたっては中学校や高等学校で使った地図帳をそばに置いて,関連する場所の地図を見ながら読まれることをお勧めする.

本書はすでにプレートテクトニクスなどについてご存じの方のために,そのあたりの話題は後に持ってきてある.そのために,それらをご存じない方は,まず序章を読んだ後に第8章を先にお読みになって,その後第1章へ戻って順に読まれることをお勧めする.すでにプレートテクトニクスをご存じの方は復習の意味で最後に第8章を読まれることをお勧めする.終章は必ずしも海洋底だけで世界一周するわけでないが,陸上に関しても海底のそれらと置き換えて話が書かれている.

本書を通読することによって少しでも深海底に関心を持っていただければ著者の望外の喜びである.

平成28年正月 暖冬の八王子の書斎にて

藤岡換太郎

目　　次

序章　地球の現在の姿と構成

この章では準備運動のつもりでこれからの話の基礎となることを述べる．地球科学の基礎である．現在の地球がどのような姿であり，特に海洋底がどのようになっているかなどの概略を述べる．

0-1　世界地図を眺めてみよう

世界地図を眺めると大陸と海洋の分布，陸の面積が地球の表層の約３割で，海洋のそれが約７割であることは一目瞭然である．学校で使われている地図帳には海底の深さは書かれてはいないが，口絵１に示した地形図はいわば海水を取り去った地球の地表の大地形（レリーフ；relief）を水深も含めて表している．あなたは今，宇宙ステーションに乗っていて地球の外から海水のない地球を見ているとすれば，このような地表の大地形を目にするだろう．今まで海水に隠されていた部分からは，思いもよらない大きな地形や構造が顕われてくる．地形を立体的に見ることは重要である．平面ではあまりよく見えなかった地表の凹凸や大構造が浮かび上がってくるからである．陸上の地形を空から眺めたものを「鳥瞰図」（bird's eye view）というが，海底の地形の場合は何というだろうか．私はそれに「鯨瞰図（げいかんず）」（whale's eye view）という名前を付けた．海底の地形は目では見られない．海水は水深 200 m くらいまでしか光を通さないからである．海底は唯一音を使って調べることができる．鳥は海の中を見ることはできないし，魚はごくわずかな光子しか得られないのでやはり見ることはできないも同然である．クジラやイルカは音波を出して互いに交信したり，自分が

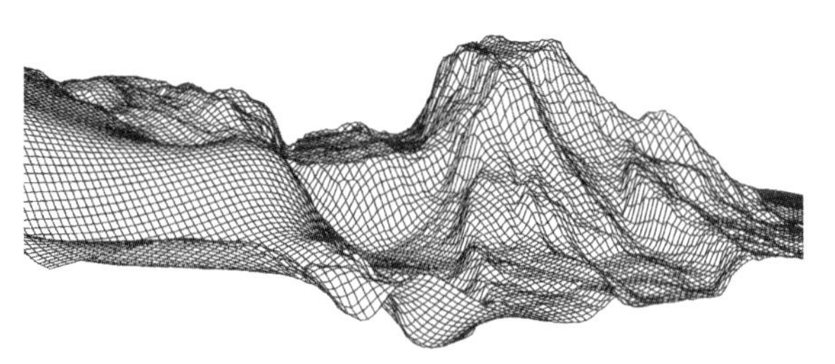

図 0-1　鯨瞰図（第一鹿島海山）
海底はクジラだけが見ることができる．そのために鯨瞰図と呼ぶ．

発信して返ってくる音波をキャッチして地形を判断しているという．したがって鳥の目で見るのではなく，クジラの音で見るというので「鯨瞰図」というのが最適だと考えたわけである（図 0-1）．

そのような目で海底を鯨瞰すると，大きな地形や構造が少なくとも四つ見つかる．これら四つの大地形や構造は，長い地質学的な時間にわたる地球の大きな変動によって形成されたものである．

まず，大西洋の真中に目を向けてみよう．南米大陸の東海岸とアフリカ大陸の西海岸の両方に，ほとんど平行に走る巨大な海底の山脈が続いているのが目に入る．これは「大西洋中央海嶺（Mid-Atlantic Ridge；MAR）」と呼ばれる海底の大山脈である．まさに海底の嶺，海嶺である．このことがわかったのは 1950 年代のことである．大西洋中央海嶺は，周辺の深海底から 2,000 m 以上もそびえ，その幅は 1,000 km 以上もある巨大な玄武岩でできた自然の構築物である．

海嶺は，大西洋ではアイスランドの北から赤道を越えて延々と南へと続く．大西洋中央海嶺はさらにアフリカの南端の喜望峰を南東へと迂回してインド洋へ入る．マダガスカル島の東で海嶺は二つに分岐する．1 本は北へ，アラビア半島からアデン湾へと入っていく中央インド洋海嶺（Central Indian Ridge）である．もう 1 本は，さらに南東へ，オーストラリアの南を通って今度は太平洋へと入り，さらに北へと伸びてカリフォルニア湾へと続いていく南東インド洋海嶺（Southeast Indian Ridge）とその延長の東太平洋海膨（East Pacific Rise；EPR）である．このように全長 6 万 km（8 万 km ともいわれる）にもわたって巨大な山脈が全地球を取り巻いている．これらの海嶺を一般的に「大洋中央海嶺」（Mid-Oceanic Ridge）と呼んでいる．大洋中央海嶺では，玄武岩質なマグマが地下深部のマントルから上昇してきて，常に新しいプレートが形成されている．新しいプレートは年数 cm ～十数 cm の速度で海嶺の左右両側に拡大し，移動していく．その速度が年 10 cm とすると 100 万年後にはその距離は 100 km にもなる．

2 番目にはこれらの海嶺を直角に横切る方向に無数の傷が，まるで刺身の切り身のように平行に並んで分布しているのがわかる．長いものではケーン断裂帯（Kane Fracture Zone）のように，大西洋の端から端まで 6,500 km もつながっている．これは「トランスフォーム断層」（transform fault），あるいは「断裂帯」（fracture zone）と呼ばれる構造である．トランスフォーム断層とは，海嶺が拡大するときに生ずるずれによってできる断層とその破砕帯（shear zone）である．したがって，海嶺のあるところには必ずトランスフォーム断層が存在する．米国西海岸の国道 101 号線に沿って見られるサン・アンドレアス断層（San Andreas Fault）は頻繁に大きな地震を起こしているが，実はこれはカリフォルニア湾に入る東太平洋海膨（海嶺）とバンクーバー沖にあるゴーダ海嶺（Gorda Ridge）とを結ぶ，全長 5,000 km にも及ぶトランスフォーム断層なのである．ニュージーランドの陸上を北東-南西に胴切りにするアルパイン断層（Alpine Fault）も，東のヒクランギ海溝（Hikurangi Trench）と南西のマッコーリー海嶺（Macquarie Ridge）とを結ぶトランスフォーム断層である．

3 番目は西太平洋に目をやってみよう．ここには水深が 6,000 m より深くて細長い溝状の地形が，ちょうど陸を縁取るように分布しているのがわかる．この細長い溝状の地形は，アリューシャン（Aleutian）からカムチャツカ半島を経て東北日本の東沖，さらに南へ伊豆・小笠原からマリアナへとつながる．このような地形を「海溝」（トレンチ；trench）と呼んでいる．水深が 6,000 m より浅くても溝状の凹み，和舟の底のような地形の続くものを「トラフ」（舟状海盆；trough）と呼んでいるが，海溝と同じようなものである．（後述するように沖縄トラフやマリアナトラフは海溝ではなく背弧海盆である．）

日本列島の南には相模トラフや駿河トラフ，南海トラフなどがあるがいずれも 6,000 m よりは浅い．しかしこれらは海溝といってもよい．相模トラフは相模湾から南東方向に続き，伊豆-小笠原海溝や日本海溝と交わって，海溝が1点で会合する「海溝三重（会合）点」（Trench Triple Junction）を作っている．駿河トラフは南西に四国沖の南海トラフへとつながり，南海トラフはさらに九州からは琉球海溝（南西諸島海溝）へとつながる．海溝は海嶺と対峙される地球上の大構造である．海溝では海嶺で形成されたプレートが地球の内部へと沈み込んでいくために，巨大地震の発生や火山の噴火等のさまざまな変動現象が起こっている．西太平洋の特に環太平洋の縁に沿っての地域には多くの海溝が分布している．これは活火山と合わせて「環太平洋の火の輪」（Circum-Pacific Ring of Fire）と呼ばれている．

これら三つの大きな構造は地球の表層を取り巻くプレートと呼ばれる厚さ100 kmほどの岩盤の境界をなしている（図0-2）．プレートは海嶺で形成され，トランスフォーム断層でずれ，やがて海溝で地球の内部へ沈み込んでいく．このプレートの運動によって地球科学の主な事件が説明できるというのがプレートテクトニクスである．

最後に紹介する構造も，やはり西太平洋に多く存在する．西太平洋の海底をよく見ると，無数の星をちりばめたように円形の地形的な高まりが，それこそ

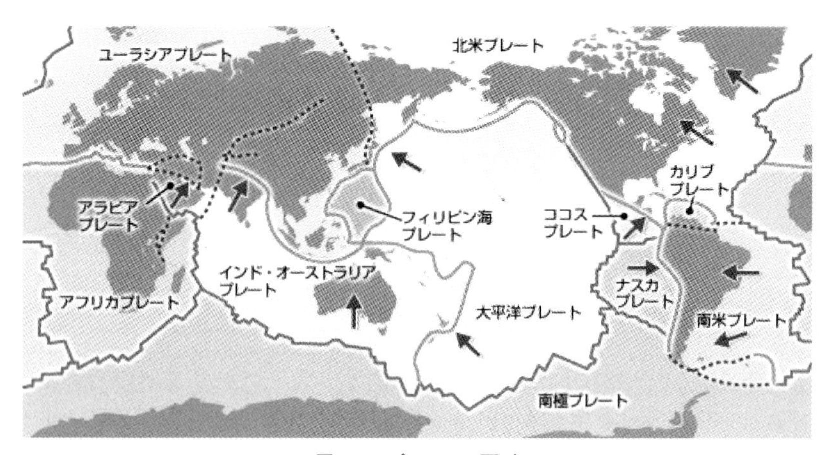

図0-2　プレートの配列
世界のプレート配列．人によってはこれより細かく分ける人もある．図中の矢印はプレート運動の方向を示す．

星の数ほど存在するのがわかる．地形的には富士山のような成層火山とよく似た円錐形や円錐台形を呈しているが，多くの場合それらが組み合わさった複雑な形をしている．これは海山（seamount）とか海台（oceanic plateau）とか呼ばれている．海山は文字通り海の中の山で，海台は海の中の台地である．多くが玄武岩質の溶岩によって作られた地形的な高まりである．中にはその頂上が平坦なギヨー（guyot）と呼ばれるものもある．ギヨーは後に出てくる「海洋底拡大説」（sea-floor spreading）を提唱したヘス（Harry Hammond Hess）によって命名された．これは火山島が沈降し海面近くで波浪侵食を受けて平坦になり，海底に沈降したものと考えられている．また頂上が海の上に出ている海山，実はこれは火山島であるがたくさん存在する．地球上で最大の火山はハワイ島にある．ハワイ島の最高峰はマウナケア（Mauna Kea）で，高さは 4,205 m であるが，その根は海面下 5,000 m にある．もし海底からこれを見上げるとエベレスト（Everest；チョモランマ，8,848 m）より高い 9,000 m を越える火山になるわけである．ちなみに火星には高さ 26,000 m もあるオリンポス山が知られており，太陽系の惑星で最大の火山であろう．

海山や海台はプレートより地球の深部，核とマントルとの境界から湧き上がってくるプルームと呼ばれる直径 1,000 km にも及ぶ熱い塊が地表近くにまで運ばれてその膨大なマグマが作る巨大な構造である．のちに述べるように，プルームテクトニクスという考えが出てくるもとになっている．

このように地球上の地形はきわめて大規模であり，起伏に富んでいる．このような凹凸を作る作用にはさまざまなものが考えられるが，その原因は大きく二つに大別できる．一つは太陽のエネルギーに依存する外因的な作用（exogenetic process）で，もう一つは地球の内部エネルギーに依存する内因的な作用（endogenetic process）である．前者は風化（weathering）や侵食（erosion）を起こす．すなわち，気温の変化，風，雨，生物，化学的な作用等により風化作用や侵食作用を起こし，岩石を壊していく．後者は地球内部のマグマ（magma）やこれが固まってできた火山岩などの岩石を作っていく作用や地震などの地殻変動である．今から 46 億年前に地球ができてから，これらの作用が複雑にからみ合って現在の地表を形成してきたのである．

0-2　プレートが沈み込むところ，島弧-海溝系

島弧（island arc）とは読んで字の如く島が弓なりに列をなして並んだものをいう．しかし，例えばハワイの火山島の列は島弧とはいわない．島弧は必ず海溝を伴っている．また南米のアンデス山脈などは島ではなく陸であるが，これも「陸弧」とはいわず島弧という．島弧の成長にはマグマが重要な役割を果たしている．島弧のマグマは地下約 110 km の深さで形成され，火山フロント（volcanic front）という明瞭な境界を形成する．これは杉村新によって提案されたもので，活火山が並ぶ一番海溝寄りの境界で，ほとんど 1 本の線になる．ちょうど気象学でいう寒冷前線や温暖前線などのようなものである．東北日本では北から恐山，八甲田山，岩手山，焼石岳，栗駒山，蔵王山，安達太良山，那須岳，男体山，赤城山，榛名山などがきわめて直線性がよく，海溝に平行に並んでおり，それより海溝側には火山は存在しない．東北新幹線に乗って青森に向かうときに E の席に座ると郡山からこれらの山々が次々と見られる．

海溝や島弧は，それらが各々単独で存在するのではなくて，両者は必ず相伴って存在している．アリューシャン海溝はアリューシャン列島（島弧）を伴うし，千島海溝は千島列島（島弧）を，日本海溝は東北日本弧を，伊豆-小笠原海溝は伊豆-小笠原諸島（島弧）というようである．このことはプレートの沈み込みと密接な関係がある．島弧を横断すると，海溝から大陸の方向へ向けていろいろな物理的・化学的な性質が連続的に変化する．それは沈み込むプレート（スラブともいう）ときれいな相関関係を持つ．例えば地形の変化，重力異常（gravity anomaly），火山岩の化学組成（chemical composition）などは太平洋側から大陸側へ向けて一方的に変化する．このような配列は極性（polarity）を持つという．この極性はスラブや和達-ベニオフゾーン（Wadati-Benioff Zone, deep seismic zone；深発地震の震源面）等と関係しておりすべて沈み込むプレートの温度構造に支配されている．したがって，このような大きな構造を島弧-海溝系（arc-trench system）と呼ぶのである（図 0-3）．

海溝の周辺という意味で「海溝域」という言葉を使う場合がある．海溝域では二つのプレートが接するために変形や破壊が生じる．二つのプレート間での

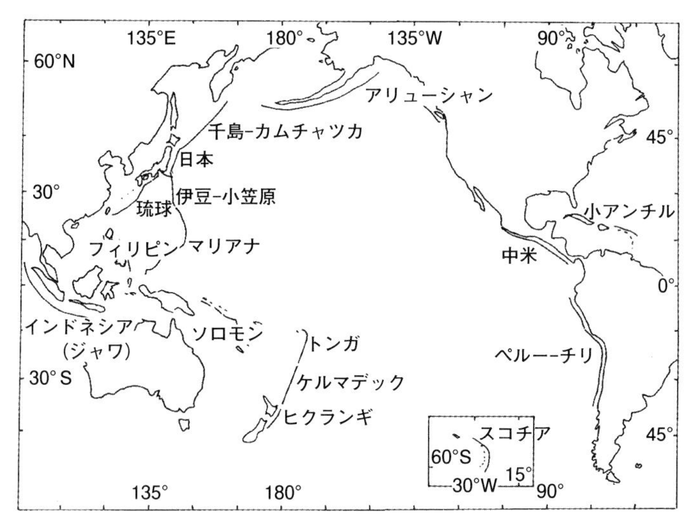

図 0-3　島弧・海溝の分布
島弧-海溝系は環太平洋に多い．

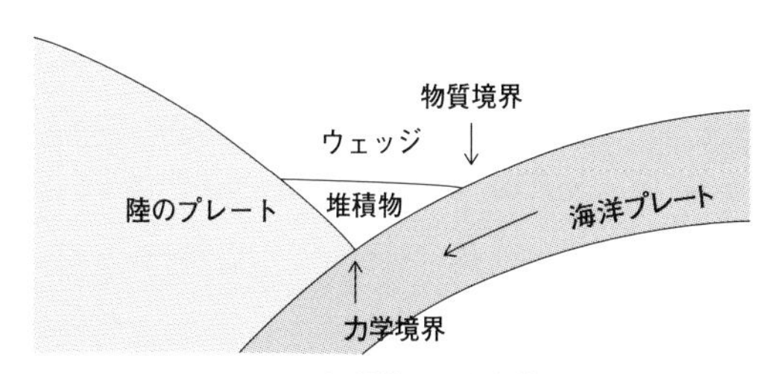

図 0-4　物質境界・力学境界
海溝域で物質境界と力学境界を分けて考えることが重要．

相対的なずれを解消しているところは，「力学境界」(mechanical boundary) と呼ばれている．また海溝は溝なので陸から運ばれた堆積物が最終的に安定にたまるところであり，そういう意味で「物質境界」(material boundary) と呼ばれている（図 0-4）．物質境界と力学境界とは海溝を微視的に見る場合には重要になってくる．物質境界と力学境界とは必ずしも一致しない．このことは中村一明によって初めて指摘された．海溝域では巨大地震がしばしば起こる．地震は歪みを解放するエネルギーともいえるが，地震が起こり始める地震発生帯が海溝域の地下深部に存在する．海溝域は微視的に表層も地下も含めて区別しないと議論がかみ合わないことがある．

0-3　島弧-海溝系の横断地形名

沈み込むプレートに乗って島弧周辺を旅すると，いろいろな地形に出会う．島弧-海溝系（arc-trench system）では海溝軸（trench axis）と火山フロントとが地形の大きな区切りとなる．まず海溝軸からプレートのやってきた側の斜面のことを海溝海側斜面（seaward slope）という．海溝軸と火山フロントとの間を前弧（forearc），火山フロントより陸側あるいはプレートの沈み込んでいく側を背弧（backarc）と呼ぶ．前弧は海溝陸側斜面（landward slope）ともいう．陸側斜面は水深の浅い 200 m くらいまでを大陸棚（continental shelf）と呼んでいる．

火山フロントと海溝の間には古い隆起体が存在することがある．火山フロントのすぐ背弧側に凹地がある場合，背弧凹地（backarc depression）とか背弧リフト（backarc rift）と呼ぶ．リフトからさらに背弧側にも火山が並ぶこともある．そのような場合には島弧を二重弧（double arc）と呼ぶ．また背弧に海盆が発達しているときにはそれを背弧海盆（backarc basin）と呼ぶ．一般的にはこれらの地形名を使うことが多く，本書でも今後しばしば出てくる．

0-4　海と陸の分布

再び世界地図を眺めてみると，海と陸の分布にはかなり偏りがあることも一目瞭然である．このような偏りは，地球の起源とその後の発達史に関係がある．海陸分布は地質学的な時間とともに変化する．今から 6,500 万年前の白亜紀（Cretaceous）の終わり頃には，南極はまだ他の大陸とつながって一つの大陸，「ゴンドワナ大陸」（Gondwana Continent）の一部を形成しており，現在のように孤立してはいなかった．南北アメリカは互いに離れていてパナマ地峡は存在しなかった．このように大陸と海洋の分布は地質学的時間で変化しており，その配列は全地球的な海流の流れや地球の気候の変動に大きな影響を与えている．また地球の山の高度の変化も同様に，植生や気候に大きな変化を与えている．

ヒマラヤ山脈とモンスーン（monsoon）の関係がそうである．

長い時間の変化で気候や環境を考える場合には，海陸分布は本質的に重要な役割を果たしている．大陸が移動することを最初に提案したウェーゲナー（A. Wegener）以降，多くの人が海陸の分布の時間的な変遷を研究してきた．最近では，大西洋の拡大以降の約2億年間の海陸分布がよくわかってきている．2億年より古い時代の海陸分布を復元することはきわめて困難であるが，地磁気や化石，岩石の研究などによって，今では先カンブリア時代（Precambrian）から現在までの大陸の復元が試みられている．

0-5　ヒプソグラム

地球の表層の高度の分布にも著しい特徴がある．高度分布を見るには，地球の表層の陸の高度を，海の中は深度を1,000 mごとにその分布面積を示した図，ヒプソグラム（hypsogram）を見るとよくわかる．陸上の一番高いところはいうまでもなくヒマラヤ山脈のチョモランマ（エベレスト山）で8,848 mである．一方，海の一番深いところはマリアナ海溝のチャレンジャー海淵で10,920 mである（理科年表による）．地表付近に見られる凹凸はだいたいこれら二つの差，約20 kmということである．これは地球の半径6,370 kmから見ればないに等しいが，地表に住む私たち人間の尺度（約1.8 m）にとってはきわめて大きな起伏なのである．

陸上では高度1,000 mより低いところが面積が圧倒的に広い．これは地球全体の21％に相当する．海底では4,000～5,000 mの深さのところが最も広く，地球全体の23％に達する．陸の平均高度は840 mで，海洋の平均水深は3,800 mである（図0-5）．もし単純に陸を削って海を埋めていったとすると，地球は平均の深さ約3,000 mの水の星になってしまう．地球が「水の惑星」と呼ばれる所以である．ところが実際にはそうはなっていない．日本列島を見ると最高峰の富士山（3,776 m）と，そのすぐ近くの房総半島の沖の海溝三重点には水深9,200 mの坂東深海盆がある．その水平の距離は約300 kmである．非常に近接したところに深まりと高まりがあってその落差たるやなんと13 kmにも及ぶ（図0-6）．長い時間を経過すると起伏はならされて平坦になるのが普通である．

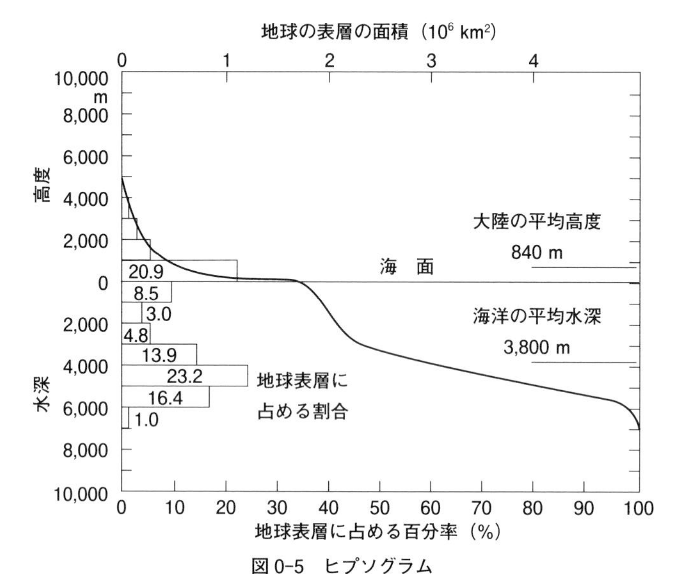

図 0-5　ヒプソグラフ
陸の高度と海の深度の分布図．明らかな二極性が見られる．（藤岡，2012）

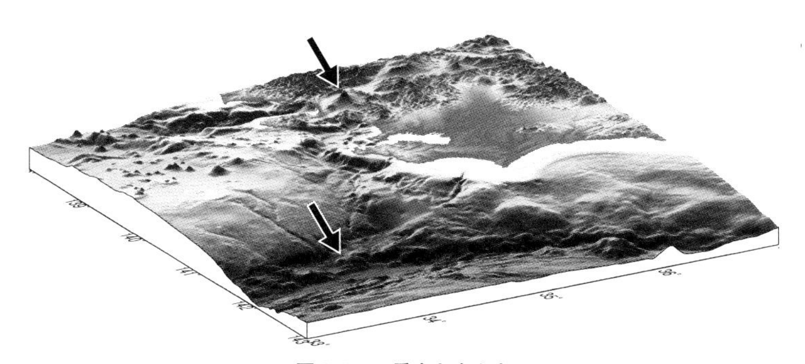

図 0-6　三重点と富士山
海溝三重点と日本の陸上最高点はこんなに近いところに位置している．（富士原敏也による）

したがって，起伏に富んだ落差の大きい地形が存在するということは，このような地形が形成されてからあまり時間が経っていないことを示している．と同時に，このような起伏を維持する何かの作用があるということになる．

0-6　地球上で最も多い岩石は

地球は今から46億年前に微惑星の集合によって，火星ほどの大きさの原始地球として誕生した．その後，周辺の微惑星が原始地球の引力によって引き寄せられ地球に頻繁に衝突した結果，衝突のエネルギーが熱エネルギーに変換されて地球は暖められ，やがて溶け始める．このときにマグマの海（マグマオーシャン；magma ocean）が形成された．現在知られている地球の層状構造が形成されたのはこのときであろうと多くの研究者は考えている．

地球の内部の構造は，地震波の伝わり方からわかっている．地表から深さ10～70 kmくらいまでが地殻，2,900 kmまでがマントル，さらに地球の真中までが核である．核はさらに深さ5,100 kmで外核と内核とに分かれる．前者は液体で後者は固体である．ちょうど半熟の卵の殻と白身と黄身（一部液体）のようなものである．

米国カーネギー地球物理学研究所の初代所長のクラーク（F. W. Clarke）とワシントン（H. S. Washington）は，1924年に地殻の平均化学組成を計算するため，地球上の5,159個の岩石の化学分析を行った．これは当時の岩石の分析手法を考えると途方もない数である．その結果，地殻の中に多い元素を順番に並べたクラーク数を提案した．同様のことを1955年にノルウェーのゴールドシュミット（V. M. Goldschmidt）は氷縞粘土77個の平均組成から算出している．地殻の中にはケイ素（Si），酸素（O），ナトリウム（Na），カリウム（K），アルミニウム（Al），マグネシウム（Mg），鉄（Fe）等の元素が多い．最も多いのは酸素とケイ素で，地殻の物質はこれら二つの元素が結び付いた二酸化ケイ素（SiO_2；シリカ）という物差しで表され，その骨格もSiO_4である．ちょうど，生物が炭素，水素，酸素とチッ素（N）とリン（P），硫黄（S）で表され，炭素と水素が一番多くてこれらが結び付いたCとHが骨格になっているのと同じようである．

地球上で最も多い岩石，つまり最もありふれた岩石は玄武岩（basalt）と花崗岩（granite），そしてかんらん岩（peridotite）である．これは地球の表層，地殻とマントルの中での話である．玄武岩は比較的シリカの少ない岩石（50%

程度）で，マグネシウムや鉄に富む．それに対して，花崗岩はシリカが多く（60 ～ 70% 程度）アルミニウムやカリウム，ナトリウムなどが多いという特徴がある．地球や月の海と陸の構造がこのことを反映している．かんらん岩はマントルを構成する岩石で体積としては最も多く，シリカは 50% より少なくマグネシウムは 40% もあり，鉄やニッケル（Ni）にも富む（口絵 2 参照）．

0-7 海と陸の構造

海と陸では，それらを構成している岩石に大きな違いがある．海を作っている岩石は，たいてい伊豆大島や兵庫県の玄武洞などに見られる黒っぽい火山岩，玄武岩質な岩石である．玄武岩はかんらん石（olivine），輝石（pyroxene），長石（feldspar）等の鉱物やガラス質の物質からできた岩石である．中央海嶺に潜って岩石を採集すると玄武岩の枕状溶岩が得られる．

一方，陸は主として白っぽい花崗岩質な岩石からできている．花崗岩は長石や石英（quartz）に角閃石（amphibole）や雲母（mica）等でできた岩石で，御影石（みかげいし）ともいわれ，墓石などいろいろな建築素材に使われている．花崗岩の密度は 2.7 g/cm^3 くらいであるが，玄武岩の密度は花崗岩のそれよりも少し大きい 3.0 g/cm^3 くらいである．実はこの密度の差が重要で，時間が経つと重い玄武岩の上に軽い花崗岩が浮いたような形になるのが最も安定した状態なのである．

月の表面構造もこれに似ている．満月の日に月の表面を望遠鏡でよく見ると太陽の光の反射率の高い，輝いて見える部分があり，これを月の陸，反射率の低い，黒っぽく見える部分を月の海と呼んでいる．それらは斜長石（岩）を主とする部分と玄武岩を主とする部分とに分かれ，地形的にも陸の部分が相対的に高い．つまり海と陸というのは水があるかないかだけではなくてその地下を構成している物質の違いを反映しているのである．

さらにもう一つ地球上でありふれた岩石にかんらん岩がある．かんらん岩は，かんらん石，輝石，スピネル（spinel）やザクロ石（garnet）などからなる緑色の岩石で，密度が 3.3 g/cm^3 と花崗岩や玄武岩よりも重く，上部マントルを構成している．角閃石や雲母などの含水鉱物（hydrous mineral）を含むもの（コートランド岩または角閃石かんらん岩 cortlandite やキンバリー岩または雲母か

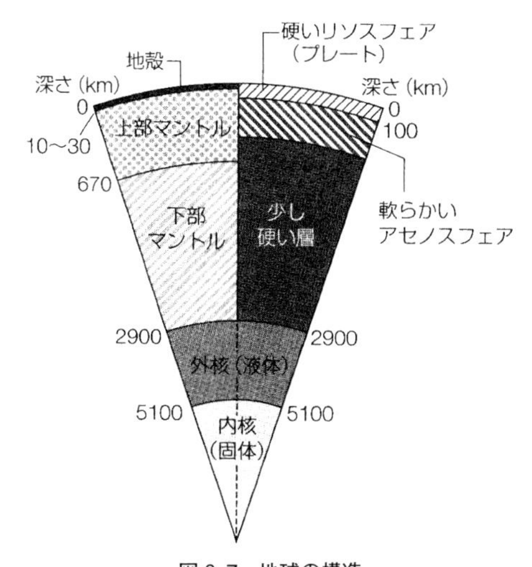

図 0-7　地球の構造
地球は半熟の卵に似た構造をしている．（藤岡，2012）

んらん岩 kimberlite）も知られている．さらに密度の大きい岩石はもはや岩石ではなくて金属である．すなわち隕鉄（iron meteorite）であり，その密度は 5.5 g/cm^3 を越える．これは地球の最も内部にある核を作っている．

地球の層状構造は地球ができたときに作られたと考えられているが，密度の大きい物質が中心にあり，順に密度の小さなものがそれを取り巻いていく．軽い物質は海水であり，その外側にはさらに軽い大気が取り巻いて，一つのシステムを構成している（図 0-7）．

海と陸の違いは地球全体から考えたときには花崗岩と玄武岩という密度の違った岩石からなるために，その密度差が地形や構造を作っているのである．それは地殻やマントル，核も含めた物質の密度の違いによる重力の作用によってできた大きな構造にほかならない．したがって，水があるから海で，水がないから陸なのではないということを知っておいていただきたい．

0-8　地球の元素の分布

地球の平均化学組成は，さていったいどうやって決められるのだろうか．マントルや核を構成する物質は直接手にすることはできない．そこで地球とよく似た構造を持ち，地球を作った物質と考えられている隕石（meteorite）を使う．最近では南極からたくさんの隕石が発見されており地球の起源や火星に関する情報が見直されている．隕石でも有機物を含む隕石は炭素質コンドライト（carbonaceous chondrite）と呼ばれている．1973 年にメキシコのアエンデに降った隕石は有機物を含む炭素質コンドライトで，地球の始原物質に近いと考えられている．この中に含まれる超塩基性岩がマントル，隕鉄の部分が核を構成する物質の代表であると考えると，地球の平均組成が計算できる．マントルではマグネシウムや鉄が多く，核では鉄とニッケルが圧倒的に多い．地球全体では鉄と酸素，そしてケイ素が多い．したがって，地球は全体で見ると鉄と酸素の星であるといえる．実際，地球の平均密度 5.52 g/cm^3 は鉄の鉱物である磁鉄鉱の密度 5.2 g/cm^3 に近い．

0-9　地形を見る 3 通りの方法

地形を見てものを考えるときには以下の 3 通りの方法を使うのがいいだろう．まず，宇宙（船）から見た地球で，いわば地球規模の大地形を観察することにあたる．このような位置から見える構造は，数億年かかって形成されるような運動を反映している．次は飛行機から海面を見下ろす目線で見た地球で，いわば中規模の地形を反映している．最後は潜水船から見た地球で，いわば微地形の解析である．これは短い時間に起こった変動を表している．

大地形はこの微地形の繰り返しによって形成される．地形の成り立ちはある意味ではフラクタルのようなもので，大地形の中には中位の，中位の地形の中には微地形が繰り返し出てくるのである．このように地形をいろいろ異なった尺度で，いろいろな方向から眺めて自然を考えることが，地球科学にとっては基本的に重要である．

0-10　潜水調査船科学—深海底の博物学

深海底に人間が行って深海を直接自分の目で観察する手段としては潜水調査

船が唯一の方法である．潜水調査船で深海底を目視観察するのは，いってみればば気球（あるいは飛行船）に乗ってエベレストを観察するようなものである．潜水調査船で深海底を観察・観測したりする直接的な方法は，船の上から深海底をめくらめっぽうに調査する間接的な方法に比べて以下のような大きな利点がある．

まず自分の目で直接ピンポイントの露頭（ろとう）（outcrop）を自由自在に観察することができる点である．これは陸上では空中に浮いて露頭を観察できないことを考えれば，まさに夢のような話である．海底カメラや無人探査機では，いずれも揺れる船から何千 m もの長さのケーブルを介しての操作になるので，かゆいところへ手が届かない．今，露頭が見えたと思うと次の瞬間には船の揺れですぐに見えなくなってしまう．海底から自分のほしい試料を得ることもままならない．例えば断面が直径 2 cm の熱水噴出孔（hydrothermal vent）から噴き出す熱水を採集したり，泳いでいるエビを採ったりすることは船上からでは到底不可能な相談である．ましてや地層（strata）の走向（strike）や断層（fault）の方向を正確に測ったりすることは間接的な方法では最も困難な仕事である．

船の上で作成したいかなる精度の高い地形図をもってしても海底での観察にはかなわない．それは人工衛星による衛星写真が撮れても地上にいる我々の生活がわからないのと似ている．またガリレオの望遠鏡による木星の衛星の発見と似ている．潜水船を用いた科学はある意味では一つの特徴を持った，独立した「潜水調査船科学」と呼べるしろものかもしれない．

地球科学がまだ黎明期であった頃，「博物学」（natural history）という学問が存在した．17 世紀からその萌芽があり 18 世紀の中頃から 19 世紀の中頃がその最も華々しい時期で，20 世紀の初め頃まで栄えた．博物学者の名前はリンネ（C. von Linnè），アガシー（J. L. R. Agassiz）など枚挙にいとまがないが，何といっても最大の博物学者はアレキサンダー・フォン・フンボルト（Alexander von Humboldt）であろう．著書『コスモス』はその集大成である．惑星物理学で著名なカール・セーガン（Carl Sagan）も同じ名前の本を出版している．

博物学は，その後は細かく分業していく．私は博物学こそが自然科学の原点であると思っている．そして潜水調査船科学とは，まさに「深海底の博物学」である．潜水調査船で海底を 3，4 時間さまようと地形，地質，生物，化学，物理などあらゆるものが観察される．偏った研究テーマを持つ人は自分の関心のある分野以外の観察項目を見落としてしまうことがある．岩石を採ることに夢中になっていてそのすぐ横を世にも珍しい生物が通過しても全く何の関心も示さないのは不幸である．それは観察者にとって不幸なだけではなくて，潜航で得られた映像や試料を用いて今後研究しようという意志のある不特定多数の研究者にとっても不幸なのである．そういう意味では潜航する研究者は多くの科学者のために「深海底の博物学」を志すべきである．潜水調査船のパイロットこそは現場で鍛えた優秀な博物学者であるといえるかもしれない．

序章では現在の地球をどのように見るのかを，海と陸の分布，ヒプソグラム，岩石やその密度分布，元素の分布を通して示してきた．地球が現在の形になるまでには多くの作用が働いてきたことを認識していただきたい．

1 大洋中央海嶺
—拡大系—

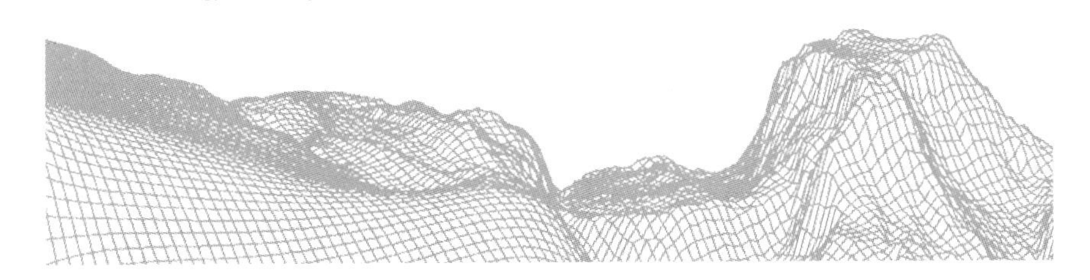

この章では新しいプレートが形成されている海底の山脈，海嶺について地形や構造，岩石などを見ていく．海嶺は今まで見てきたように海底の四つの大きな構造のうちの一つである．最近の研究ではこの地下構造や構成岩石，付随する熱水活動などについて多くのことがわかってきている．

1-1　板出ずる国—裂けて広がる大地，アイスランド

北緯60度，北大西洋の真中には「炎と氷の島」アイスランド（Iceland）がある．この島では絶えず火山噴火が起こり，温泉が湧出し，大地には巨大な地割れがぱっくりと口を開けている．地殻変動の活発な大地である．1783年にアイスランドの活火山ラキ（Lakagígar）が噴火し，その火山灰は成層圏にまで達して地球全体を覆い，太陽の光がさえぎられて寒冷な気候がもたらされた．そのためにヨーロッパではポテトファミン（じゃがいも飢饉）が起こり，飢餓にあえいだ人々がフランス革命を起こしたという．同じ年に浅間山が噴火し，日本では天明の大飢饉が起こった．この原因を太陽活動そのものにあると考える人もいる．

それから220年ほど経った2010年4月6日に再びアイスランドのエイヤフィヤトラヨークトル（Eyjafjallajökull）の噴火が起こり，ヨーロッパの空港が火山灰の堆積のために閉鎖されたことは記憶に新しい．火山灰による空港の閉鎖は文明が始まって以来初めての出来事であった．アイスランドで頻繁に起こる火山活動は，海嶺の地下からのマグマやもっと深部にあるホットスポット（hot spot）からのマグマが地表に現れて，新しいプレートを形成するために起こるのである．実は，アイスランドは海嶺とホットスポットの両方が地表に顔を出した世界でも珍しい場所なのである．

西暦607年，聖徳太子が中国の隋の国への使者，小野妹子に手紙を持たせた話は有名である．その手紙には「日出処天子至書日没処天子無恙云々」（日出づる処の天子，書を日没する処の天子に致す．つつがなきや云々）とあったという．これを読んだ隋の煬帝は激しく怒ったという．隋の煬帝に手紙を遣わしたときに，日出づる大和朝廷に対して，日没する国が隋であった．プレート論でいけばアイスランドは「板（プレート）出ずる」国である．それでは日本はというと，「板没する」国なのである．アイスランドをよく研究すれば，海底で作られているプレートの形成プロセスが陸上でもよくわかる．日本列島周辺の海底をよく研究すれば今度は逆にプレートの沈み込み（消滅）現象がわかるのである．

アイスランドは島の東側には南北につながる拡大軸がある．そこでは火口が延々と列をなして並んでいて，いったん噴火が起こるとこの火口列から溶岩がまるで噴水のように勢いよく空中高くへと噴き出す．そのさまはあたかも「火のカーテン」（fire curtain）といってもいいだろう．島中に溶岩が流れた跡があり，この火口列に平行に地割れが断続的に連なっている．この割れ目のことを現地では「ギャオ」（gjá）と呼んでいる．ここには落差が1,500 m以上もある正断層でできた崖が延々と続いている．ギャオとギャオの間には陥没した平坦な，溶岩で満たされた地面があって，さまざまな溶岩流が見られる．ある陥没地には水がたまって湖が形成されている．ティングベリル湖である．そこでは温泉が湧き出て冬でも観光客が温泉に浸かっている．温泉は地熱発電にも使われている．大きな川のないアイスランドは，電力の13%を地熱発電に頼っている．

アイスランドは北に位置するためにまた氷河の国でもある．いったん火山が噴火するとその熱で氷河の氷が溶けて低地にたまると湖が形成される．そこでは水中でよく見られる枕状溶岩（pillow lava）やハイアロクラスタイト（hyaloclastite）が形成される．この枕状溶岩は，ハワイなど陸上から海に流れ込んでできる枕状溶岩とは違ったテーブルマウンテン（table mountain）と呼ばれる，

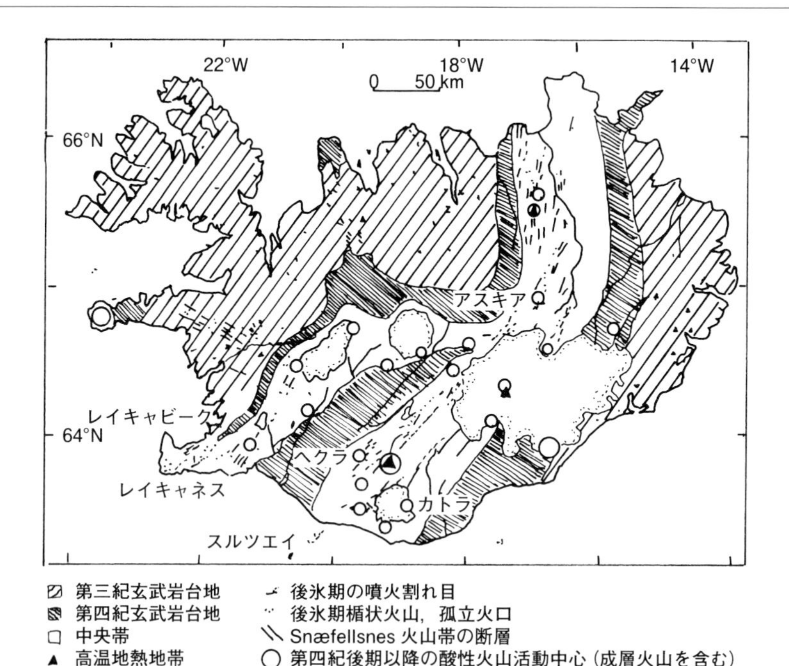

図 1-1 アイスランドの地質
アイスランドの地形や地質は対称的に分布している．

西洋の丸いテーブルのような，表面が平らな溶岩が形成されるのが特徴である．

アイスランドの拡大軸から離れた地域では溶岩が大地を覆っているが，東西両方向に同じような岩石が出現し，その年代は拡大軸から遠ざかるほど古くなっていく．陸上部では一番西海岸に近い約 1,600 万年前（16 Ma），東海岸で 1,200 万年前（12 Ma）の溶岩が最も古い．地形は東西両側へと高度を減じていく．重力や地磁気も拡大軸を挟んで対称的に分布する．これらは海底へもつながっている（図 1-1）．

アイスランドの拡大軸はそのまますぐ南の海底にはつながらない．島の南にはレイキャネス断裂帯（Reykjanes Fracture Zone）があるために拡大軸は西へずれている．レイキャネス海嶺は大西洋中央海嶺の北の端になるが，ここでは地形も地磁気も重力も地殻熱流量もすべて島と同様の分布をしている．すなわち拡大軸に対してほぼ対称的な分布を示している．ここではほかの大洋中央海嶺と同様に，60 km より浅い震源を持つ浅発地震が起こっている．

1-2 大西洋中央海嶺

1-2-1 研究のあゆみ

アイスランドからつながる大西洋中央海嶺は，アイスランドの南にあるレイキャネス海嶺を経て南は遠くはるか南極にまで連なる長大な大山脈である．拡大軸は連続的につながっているのではなく，間に数多くのトランスフォーム断層を介在し，ジグザグ状に断続的につながっている．そのことがわかったのは1950年代のことである．ヨーロッパと米国でそれまでは船で2週間あまりもかかって取り引きをしていたのが，それでは遅すぎるので速やかに連絡をとるために海底に電線（ケーブル）を敷く必要が生じた．海底ケーブルを敷くためには海底の地形の調査が不可欠であり，その調査が始まった．米国の東海岸からヨーロッパに向けて，北大西洋の海底地形が調べられたが，その結果奇妙なことが明らかになった．海岸から沖合に向かって水深は徐々に大きくなるが，海洋の真中が一番深いかというとそうではなく，そこはむしろ浅いということが明らかになったのである．どうやら大洋の中央には巨大な山脈が走っているのではないかということである．このことは実は1872～1876年にかけて行われた英国の調査船「チャレンジャー号」による世界周航航海で作られた海底地形図にも表れている．ブルース・ヒーゼン（Bruce Heezen）とマリー・サープ（Mary Tharp）は大西洋の真中にあるこの地形を大西洋中央海嶺と名付け，東アフリカにある大地溝帯（Great Rift Valley）の地形や構造と比較した．その結果，両者は大変よく似た地形断面をしていることがわかった．したがって，中央海嶺は東アフリカ大地溝帯（リフト）と同様に，両側から引っ張られてまさに大地が引き裂かれていると考えられた（図1-2）．

海嶺の地形は海嶺軸に対して左右対称である．ヨーロッパから米国へ向かって地形を観測していくと，まず水深100 m ほどの陸棚があって，すぐに陸棚斜面（shelf slope）を経て水深4,000 m くらいまで一気に落ちていく．この部分を米国の研究者はコンチネンタルライズ（continental rise）と名付けた．ここからはきわめて平坦な水深5,000 m ほどの深海平原（deep sea plane）が続くが，

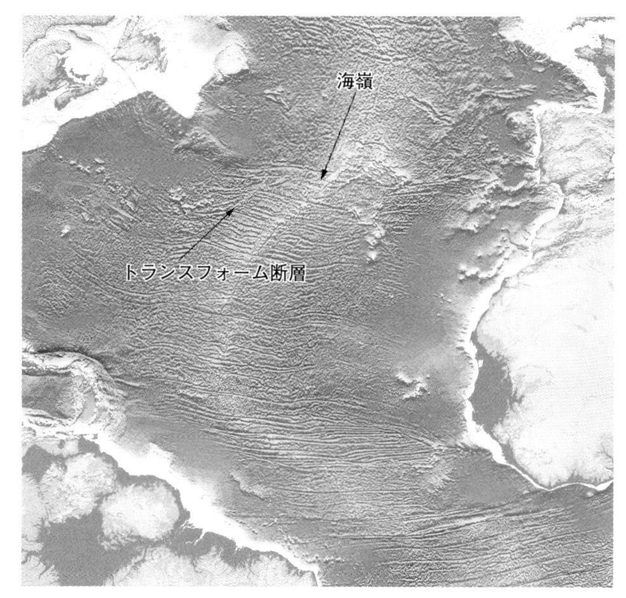

図 1-2　大西洋の地形
刺身の切り身のような断裂帯が目立つ．（Amante and Eakins，2009 に基づき作成）

やがて海底は徐々に浅くなっていって山脈へと向かう．水深 3,600 m 位のところで中央に凹地が存在する．ここは周りより 1,000 m 位深い．これを越えると再び浅くなり今度は反対側の斜面へと下っていき，5,000 m の深海平原を経て反対側のコンチネンタルライズを登って大陸棚を経て北アメリカへとたどり着く．地形は中央海嶺を軸に対称的に分布していることが明らかになった．地形だけでなく，重力や地磁気の縞状異常，地殻熱流量も同様に海嶺の軸に対して対称的な分布をすることがわかった．1912 年に大西洋横断で沈んだ豪華客船「タイタニック号」はこのような地形を認識していただろうが，グリーンランド

図 1-3　海嶺の地形断面
海嶺の地形断面は左右対称的．（藤岡，2012）

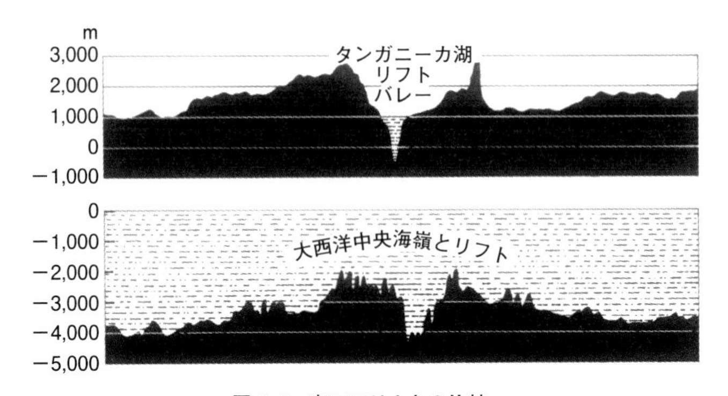

図 1-4　東アフリカとの比較
東アフリカのリフトの地形断面と大西洋の横断地形断面は互いによく似ている．（藤岡，2012）

から南へ流れてきた氷山には気が付かなかった．そのために沈没して大惨事になった（図 1-3，1-4，1-5）．

アイスランドから北へは北極海の南ファン・メイヤン海嶺（South Jan Mayan Ridge），モーンズ海嶺（Mohns Ridge），ガッケル海嶺（Gakkel Ridge：もとナンセンコルディレラと呼んでいた）へとつながる．ガッケル海嶺と平行するもう一つの古いロモノソフ海嶺（Lomonosov Ridge）はベーリング海峡までつながる．これらの海嶺の間には水深のやや大きい海盆や深海平原が存在する．海嶺は北極の氷の下を通っている．北極海の位置は 2 億 5 千万年前以降あまり動いていないらしい．北極海は海嶺からの熱が拡散しているのに表面は厚い氷で覆われている不思議な海である．

大西洋中央海嶺はその後いろいろな国の調査船が探査を行い，当時では最もよくわかっている海嶺になった．海嶺は南極のまわりを取り巻く南極海嶺につながること，その延長の南西インド洋海嶺につながることがわかった．さらに南緯 20 度付近にあるレユニオン島やモーリシャス島付近で，中央インド洋海嶺と南東インド洋海嶺に分かれ，後者はオーストラリアの南を通って太平洋に入り，東太平洋海膨につながりカリフォルニア湾で地上のサン・アンドレアス断層へとつながりバンクーバー沖のゴーダ海嶺（Gorda Ridge）やファン・デ・フーカ海嶺（Juan de Fuca Ridge）へとつながることが明らかになった．拡大する海嶺はこれ以外にも背弧海盆の中などにもあって，全体では地球 2 周分，約 8 万 km にもなるといわれている．このことはすでに述べた．インド洋では中央インド洋海嶺，南西インド洋海嶺そして南東インド洋海嶺が 1 点で交わるロドリゲス海嶺三重点（Rodriguez Triple Junction）が形成されている．南東インド洋海嶺の延長線はオーストラリアの南では AAD（Australia-Antarctic Discontinuity）と呼ばれる地殻やマントルが著しく変形した擾乱帯を経由している．太平洋ではエル・タニン（El-Tanin）という大きなトランスフォーム断層を経由し（第 2 章を参照），そこから東太平洋海膨となっている．

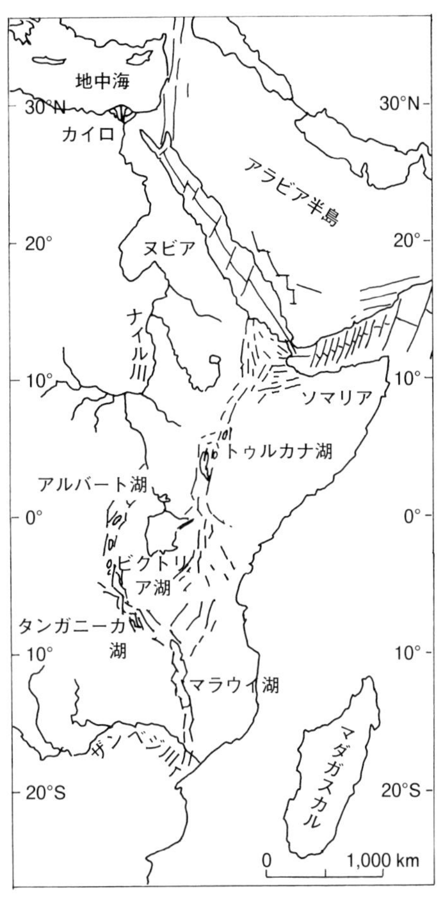

図 1-5 東アフリカ大地溝帯の分布
北は北緯 10 度のソマリアから南は南緯 10 度のマラウイ湖まで 2,000 km にもわたって分布している．

1-2-2 地形の特徴

大西洋は中央が浅くその周辺に向かって徐々に水深が深くなることはすでに述べた．幅 1,000 km にもなる巨大な山脈が水没しているのである．海岸から徐々に水深は深くなるが，あるところからまた徐々に浅くなる．海嶺の中央部，ちょうど山頂部に相当するところには幅数十 km，落差 1,000 m にもなる凹地が存在し，中軸谷（median valley）と呼ばれている．海底地形は中軸谷で左右対称になっている．したがって，海嶺軸の反対側は斜面を下って 5,000 m もの深海盆へと下っていく．中央海嶺と海岸との間はきわめて平坦な深海平原となっている．このような地形は大西洋だけでなくインド洋や太平洋でも同様である．太平洋の場合には頂上部には大きな中軸谷はなく頂上はややのっぺり膨らんだ形をしている．そのため東太平洋海膨（East Pacific Rise）と呼ばれた．

中央海嶺は陸から離れた場所にあるので，そこには陸から運ばれた砂や泥は届かない．ここに積もる堆積物は海水中に生息する生物の遺骸やエオリアン（eolian）と呼ばれる火山灰や風成の堆積物のみが地形を埋める．生物としては海水の表層に漂うプランクトンがあり，それには石灰質な殻を持つ有孔虫（foraminifer）やナノプランクトン（nanno-plankton）または円石藻（coccolith）とシリカの殻を持つ放散虫（radiolarian）や珪藻（diatom）などがある．石灰質な殻を持つ有孔虫や円石藻の殻は水深が深くなると溶けてしまうために，水深の大きな深海平原では堆積物として残らない．このような深さを炭酸塩補償深度（carbonate compensation depth；CCD）という．太平洋ではおよそ4,000 m で，大西洋で少し浅い．拡大軸から遠ざかって水深がおよそ 4,000 m になると，石灰質な殻は溶けてしまうので，ここには溶けないシリカの殻を持つもののみが残る．それらはほとんどが放散虫である．堆積物はできたての海嶺の頂上部ではほとんどないが，海嶺の軸から離れたところではだんだん厚くなり，海嶺から離れた深海平原では数百 m の厚さになる．水深は徐々に深くなっていく．堆積物が厚くなるのは時間が経つと積もるものがだんだん積算していくからである．水深が大きくなるのはプレートが冷えて重たくなり，沈んでいくためである．シュレーター（J. G. Sclater）は海嶺から遠ざかるプレートの冷却に伴う水深を数式で求めた．それは年代の平方根に比例して深くなるというものである．これをルート T（$\sqrt{T}$）則と呼んでいる．地殻熱流量も同様のカーブを描くことが知られている（図 1-6）．

大西洋の海嶺の地形の大きな特色の一つには，トランスフォーム断層が多いことがあげられる．場所によってはトランスフォーム断層になる以前の疑似断層（pseudo-fault）がある．またある場所では，海嶺プロパゲーション（ridge propagation）と呼ばれる海嶺の軸に対して楔形に拡大していくものもあって，そこでは通常の拡大に斜交した構造を作る．海嶺で形成された新しいプレートの表面の海洋地殻は玄武岩の作る地形的な模様が見られ，組織（fabric）といっている．岩石学でも同じ言葉を使っているが，岩石で見られる組織よりはるかに大きいものであると思えばよい．これは拡大軸にほぼ平行に溶岩のペーブ

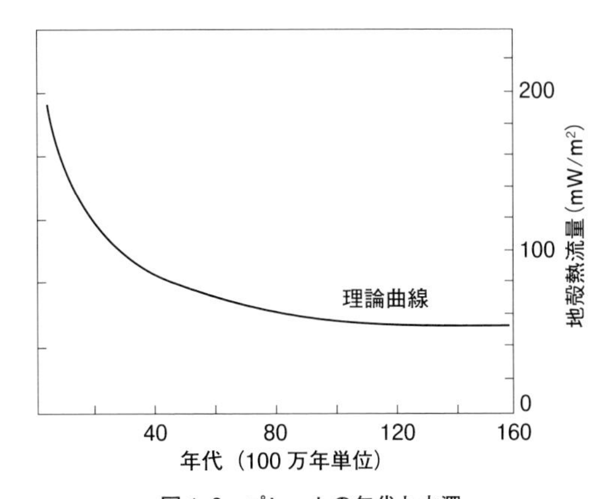

図 1-6　プレートの年代と水深
地形，地球物理は海嶺からの年代の平方根に比例して増大している．

メント（舗装道路）を見ているようなものである．拡大したときの磁気が現在の地球磁場と同じ向きに帯磁した正帯磁のものと，逆向きに帯磁した逆帯磁のものが規則正しく交互に分布している．これは磁石で海底を調べたときに見られる構造で，地磁気の縞状構造（magnetic stripe）とか縞状異常（magnetic anomaly）と呼んでいる．正と逆が交互にできるもので，海洋底の拡大によって次々と新しいプレートが生産されてそれが海嶺から広がってどんどん遠ざかることを考えるとよく理解できる．地磁気の縞状異常の成因を解明したのは若いバイン（F. Vine）とマシューズ（D. Mathews）であった．

海嶺の中軸（axis）で形成された新しいプレートは，玄武岩質なマグマから形成され，当時の地磁気の向きに帯磁し，押し出されて海嶺から離れていく．マグマが固まって溶岩になると，冷えて十分に時間が経つと重くなり沈むために水深が大きくなっていく．そしてさらに時間が経つと表面を堆積物が覆っていくという話になる．

海嶺の活動が活発な中央海嶺軸部では，海水が地殻の割れ目から浸み込んで地下深くで暖められて，周辺の岩石と反応する．海水中の塩分やマグネシウムや硫黄は取り去られ，岩石中にあった金属元素と反応して金属の硫化物を溶かし込んだ，温度の高い濃厚塩水になって海底に噴き出してくる．これが熱水活動である．金属元素を含んだ熱水は海底で急冷されて微小な金属硫化物の微粒子を放出する．熱水には温度が高く金属の硫化物を多く含むブラックスモーカー（black smoker）と，温度は低く硫化物が取り去られたホワイトスモーカー（white smoker）や透明な熱水（clear smoker）がある．白い煙にはガスやもっと細かい粒子が含まれていて，レアアース元素（rare-earth element）などの供給源となっている．熱水噴出孔にはその周辺に奇妙な生物群集が生息していることが米国の潜水調査船「アルビン」（Alvin）によって1979年に明らかにされた．

海嶺では，一般的には新しいプレートが生産され，中央部に玄武岩質マグマが入り込んでいくために，プレートは両側へと押しやられる．そのためにここは引っ張り（押し広げ）の力が卓越する伸長場（tension）の場所である．

大西洋は海底の年代を元に戻していくと1億8千万年前には存在しなかった．アメリカとヨーロッパがくっついて一つの大陸を作っていたからである．ところがそれ以前にも大西洋があったという考えが出された．イアペイタスオーシャン（Iapetus Ocean）である．英国の研究者たちは英国のエジンバラ（Edinburgh）の南にあるサザンアップランズ（Southern Uplands）という場所の地質を調べて，今から4億年ほど前にそこに海があったことを結論した．それは大西洋より前の海，イアペイタスオーシャンである．米国東海岸にあるアパラチア山脈はイアペイタスオーシャンが閉じたときにできた山脈だと考えた．

筆者は1980年にこの巡検に参加したことがある．ロンドンからエジンバラへの巡検で，このサザンアップランズの筆石化石（graptolite）による年代と付加体（accretionary prism）の巡検で世界中の研究者がバスでエジンバラまで行った．当然であるが露頭は海岸だけにしかなく，乏しい分布でよく4億年以上も前の付加体を決めたものだと感心した．ジェリー・レゲット（Jerry Legett）という若い研究者で，後に国際深海掘削計画（Deep Sea Drilling Project；DSDP）などで一緒になり，しばしば日本にもやってきた．日本でも房総，三浦や静岡県の瀬戸川の付加体などの巡検に行った．

では大西洋はいったいどうしてできたのだろう．今から2億5千万年ほど前にアメリカとヨーロッパ大陸の真中に相当するところ，ちょうど大西洋中央海嶺に相当するところから大地が割れだしたのである．シベリアの洪水玄武岩で知られるようなスーパープルームでちょうど現在東アフリカリフトが割れているように．このリフトは拡大すると海水が流れ込んで現在のアフリカとアラビア半島の間にある紅海のようになる．やがて海洋底の拡大が起こると連続的に新しいプレートが形成され海は広がって現在のアラビア半島の南にあるアデン湾のようになる．拡大が1億8千万年にも及ぶと現在の大西洋が出来上がる．

1-3 東太平洋海膨―太平洋プレートの生まれるところ

また地図を広げて見ると日本列島の近辺には太平洋プレートが生まれているところはなく，ずっと東の南米の沖にあることがわかる．実に日本海溝から12,000 km も隔たっている．プレートが平均して1年間に10 cm 移動しているとしても，今拡大してできたプレートが日本海溝に沈み込むのは実に1億2千万年後のことになる．実際，日本海溝には今から1億6千万年から1億1千万年前のジュラ紀（Jurassic period）から白亜紀（Cretaceous period）に形成された海洋地殻あるいは海洋プレートが押し寄せてきている（口絵1参照）．

大西洋の真中を通る大西洋中央海嶺はアフリカを回りインド洋，オーストラリアを回って太平洋に入る．イースター島やガラパゴス島の近くに東太平洋海膨（East Pacific Rise）が走っている．正確にはエル・タニン断裂帯より北でカリフォルニア湾で消滅するところまでを東太平洋海膨と呼んでいる．これが太平洋の拡大軸である海嶺である．海嶺と呼ばないのは昔初期の海底地形調査が行われた頃，東太平洋海膨には大西洋中央海嶺に見られるような中軸谷は見当たらず，全体として膨らんだような地形をしていたため，そのように呼ばれている．東太平洋海膨は一般的には直線性がよく断裂帯は大西洋ほど多くは存在しない．特に南緯13度から20度の間の東太平洋海膨では水深2,400 m 位を頂点としたまっすぐに延びた海嶺が存在する．この海嶺の軸に沿って熱水チムニー（hydrothermal chimney）が数えきれないほど存在し，化学合成生物群集が形成されている．また海嶺の地下約1 km のところに，海嶺の延びる方向にレンズ状のマグマだまり（magma reservoir）が存在することが知られている．プレートの生まれるところは温度が高く活発なマグマ／熱水活動が起こっている．しかし，拡大軸から離れると，途端に水深は深くなり熱水もマグマの活動も少なくなる．東太平洋海膨のうちで拡大速度の一番速いところは南緯18度付近にあって，1年間に15 cm も拡大しているといわれている．

大西洋中央海嶺は1年間に3cm程しか拡大しないのに対して東太平洋海膨は1年間にその5倍の15cmもの速さで拡大している．拡大速度の違いが地形や構造にどのように反映しているのであろうか．

1994年に行われたMODE'94（Mid Oceanic ridge Diving Expedition）に先立って，米国の調査船「メルビル」（Melville）を使って海嶺の狭い部分の地形図が完成された．ここで用いられたのはシービーム（SeaBeam）というたくさんの細い音波を同時に海底へ向かって放射して精密な海底地形図を作るシステムである．マルチナロービーム（multi-narrow beam）システムである．この調査で驚くべきことが明らかになった．今まで東太平洋海膨はその名前の通り中軸谷（median valley）がなくて全体として膨らんだ形をしていると思われていたのが，頂上部に小規模であるが谷（リフト）が存在することがわかった．リフトと呼ばれるこの谷系が断続的に連なっていること，また一つの海嶺がある場所では途切れて，別の海嶺が少しずれた位置から連なっていることが見つかって，これを重複拡大（overlapping spreading）と呼んでいる．また南緯13度から20度までの間では，海嶺はほぼ直線状に延びていてトランスフォーム断層が1本もないことが明らかになった．さらにその南にはピト・ディープ（Pito Deep）と呼ばれるまことに小さな凹みがあることもわかった．米国カリフォルニア大学サンタバーバラ校（UC Santa Barbara）のケン・マクドナルド（Ken MacDonald）が調査したところ，海嶺の西側には4,000以上の海山が見つかったのである．そのほとんどが堆積物の被覆がなく新しい海山であることがわかった．それまでこの地域はほとんど調査が行われておらず，海底地形図はヒーゼンたちの海底地形図の大西洋中央海嶺のコピー・ペーストであったのだ．メルビル航海やマクドナルドたちの調査は東太平洋海膨の従来の考えを一変させた．

東太平洋海膨は南緯13度の断裂帯から南へ直線的に連なって，ところどころに重複拡大を伴い，その水深は海嶺の頂上で大西洋より1,000m以上も浅い2,100mであった．海嶺の頂部は直線的に南へと少しずつ水深を増していくが，それでも一番南で3,000mを切る深さである．南緯14度付近にはマクドナルドが見つけた莫大な量の（4,000個ともいう）海山が存在する．

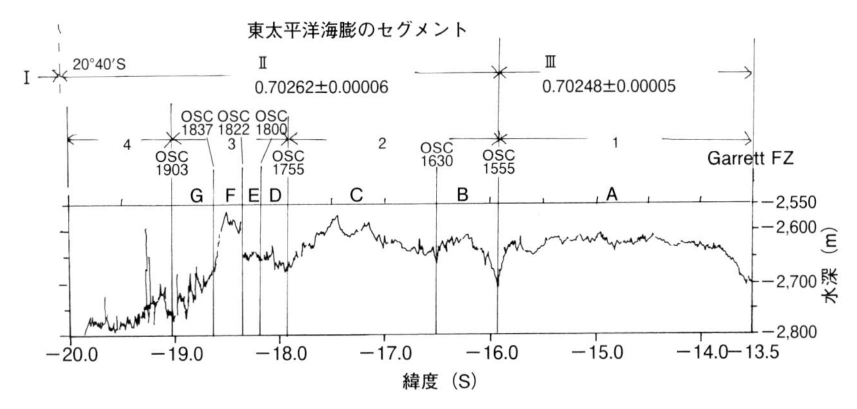

図 1-7　東太平洋の地形区分
東太平洋海膨の地形には断裂帯がほとんどないのが特徴．Ⅰ，Ⅱ，Ⅲは同位体によるセグメントの区分，A～G は地形によるセグメント区分，OSC は重複拡大．

東太平洋のこのような地形的な特徴は，マグマをためるマグマだまりが非常に浅いところにあって，マグマの供給速度がきわめて速いということに起因する．このことは後に触れる．潜水調査船による潜航観察の結果，重複拡大の部分は巨大なマグマの池（lava lake）になっているようである．このことは 1982 年に潜ったロバート・バラード（Robert Ballard）の北緯 9 度の潜航のスケッチに詳しい．彼は東太平洋海膨に特徴的に出てくる玄武岩溶岩の形態を数 km にもわたってスケッチしている．特に平坦部に特徴的なシートフロー（sheet flow）というきわめて薄い（場合によっては数 cm の厚さの）溶岩流が広域的に分布するものや，斜面では枕状溶岩が卓越することを知っていた．また溶岩池の中ではピラー（pillar）という名の文字通り柱のような溶岩が見られ，ところどころで天井が陥没していることが知られている．東太平洋海膨では多くの潜航が行われたが，このようなさまざまな溶岩地形のほかにもたくさんの熱水系とそれらに関連する化学合成生物群集が見られた（図 1-7）．

1-4　インド洋の海嶺

1-4-1　インド洋の誕生

インド洋は三大洋の中では一番新しいようである．できた順番は太平洋，大西洋，インド洋である．インド洋ができる前にはテーチス（Tethys）海が存在していたがアフリカ，インドやオーストラリアのパンゲアからの分裂・北上に伴って縮小し，現在は地中海として残っている．アフリカ北部にあるアトラス山脈は地中海の北にあるアルプス同様にアフリカプレートの北上によってできたものである．地中海はやがて完全に閉じてしまうだろう．インド洋はインドがユーラシア大陸に衝突した後にできたので古第三紀のものである．太平洋や大西洋は地磁気の縞状異常から一番古い海底の年代は約1億8千万年である．大西洋は，それ以前はなくてパンゲアの分裂以降にできた．太平洋はそれよりも前から存在した大きな海パンサラッサの名残である．

1-4-2　海嶺と海嶺三重点

大西洋中央海嶺と速い拡大の東太平洋海膨を見てきたが，インド洋にも海嶺が存在することがわかっている．インド洋には南北に連なる中央インド洋海嶺（Central Indian Ridge），南東インド洋海嶺（Southeast Indian Ridge），南西インド洋海嶺（Southwest Indian Ridge）が知られている．これらの三つの海嶺は南緯26度付近で1点で交わっている．インド洋の中央部にはロドリゲス海嶺三重（会合）点と呼ばれる珍しい海嶺三重点が存在することが特徴である．そして三重点の近くでは大西洋や太平洋に存在している熱水噴出孔域に見られる化学合成生物群集と同じような化学合成生物群集が見つかっている（図1-8）．

中央インド洋海嶺は北へアデン湾さらにアフリカとアラビア半島の間にある紅海（Red Sea）に入ってなくなる．その延長は死海で有名なヨルダンの地溝帯へ入っていく．南西インド洋海嶺はほとんど拡大していない．これは多くの南北性のトランスフォーム断層によってずたずたに切られ，南極海嶺から大西洋中央海嶺につながる．

一方，南東インド洋海嶺の延長部はオーストラリアの南の海域でAADとい

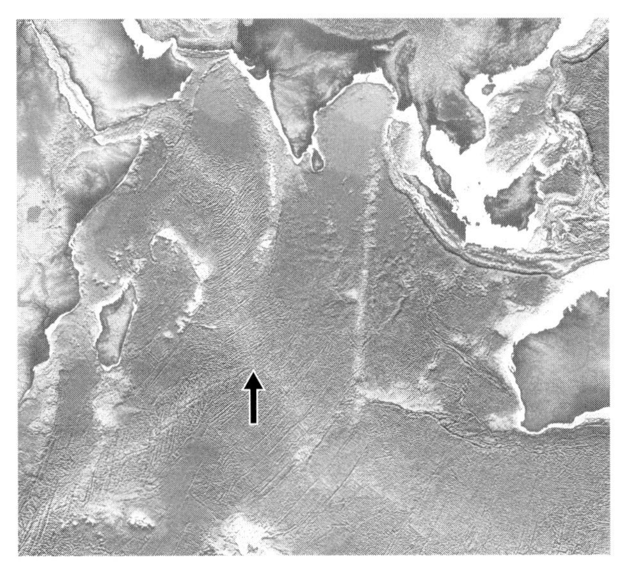

図 1-8　インド洋の地形
インド洋の地形は中央に海嶺三重点が存在する．（Amante and Eakins, 2009 に基づき作成）

う構造帯を経て太平洋へと入っていく．その途中には巨大なエル・タニンという名前の断裂帯を経由する．

1-5　海嶺の地球科学的な特徴

1-5-1　海嶺の地形

海嶺の地形はその拡大速度で大いに変化する．大西洋やインド洋が低速拡大（3 cm/y）の代表で，東太平洋海膨が高速（15 cm/y）の代表として見ていく．低速拡大では地形は水深がやや深い．大西洋では 3,600 m ほどである．トランスフォーム断層が多いのが特徴である．トランスフォーム断層になっていなくても疑似断層が見られる．大西洋の北緯 26 度から 30 度にかけてはこのような断層が多くみられる．中軸谷の発達が顕著で内側へと落ちる円弧滑りのような正断層が卓越する．それに対して高速拡大では水深は 1,000 m ほど浅く最浅部では 2,100 m であった．トランスフォーム断層が少ない．特に南緯 13 度から 20 度にかけては全く存在しない．かわって重複拡大が見られる．重複拡大や海嶺の継ぎ目は頻繁に見出される．中軸谷は発達せずわずかにリフトが存在する．断層系はリフトに関係した正断層が発達する．これらの地形的な特徴はマグマの供給速度に関係するようである．

1-5-2 海嶺の岩石

海嶺を形成している岩石が玄武岩であることは1960年代以前にもドレッジ（海底の底引き）などでわかっていた．この岩石がどこの海嶺でも同じような組成で，しかもそこに含まれる微量元素や希土類元素の存在比が隕石のそれによく似ていることを明らかにしたのは1964年に出版されたエンゲル（A. E. J. Engel）らの論文であった．海嶺の玄武岩はどこもよく似た主成分元素の組成を持ちMORB（Mid Ocean Ridge Dasaltの頭文字をとった）と呼ばれるようになった．その後，これらの岩石に含まれる同位体元素，特に鉛の同位体からこれらの岩石の起源がマントルの四つの本源マグマに由来することが明らかになってきた．EMI，EMII，High Myu（ハイミュウ），MORBである．それらは通常のマントルであるMORB以外にやや不適正元素に富んだEMI，EMIIと高濃集したハイミュウである．これらの岩石の起源の問題は地球のマントルができた40億年以上前に，あるいは地球を作った始原物質である隕石にまでさかのぼる大きな問題である．

1-5-3 海嶺の地球物理

海嶺の地形，重力，地磁気の異常，地殻熱流量などの地球物理学的パラメータはすべて海嶺の軸に対して対称的に分布している（図1-9）．

(1) 海嶺の重力異常

重たい物質は地下の深いところにあるのが安定である．軽い物質は逆に浅いところにあるのが安定している．ところが軽い物質が地球の内部に持ち込まれたり，重い物質が浅いところにあったりすると不安定なために異常が起こる．それが重力異常で，重力異常には，「ブーゲー異常」と「フリーエア異常」とがある．ブーゲー異常は地殻の密度を約2.67 g/cm^{3}としたときに（花崗岩の密度がだいたいそのくらい），それより重たい物質があるか軽い物質があるかを見るものである．フリーエア異常というのは全部空気に置き換えた場合，海の場合は水に置き換えた場合に異常があるかどうかを見るものである．

玄武岩が分布しているところは重力のプラス（正）の異常となる．海溝域は軽い物質がプレートの沈み込みによって無理やり地下深いところに引き込まれてしまっているので負の異常が生ずる．

海嶺の下では常にマグマが上昇してきているために熱的には暖められている．そのため地殻を作っている物質は軽くなっており，重力の異常が観測されている．大西洋中央海嶺とケーン断裂帯との交点では極端に重力が低いところがあって，まるで牛の目のように見えるのでブルズアイ（bull's eye）と呼んでいる．ここでは地下に異常がある．

(2)　海嶺の地磁気

地球の磁場は北極から南極に回っている．地磁気の異常とは，磁力線がある緯度の全体の磁場の分を取り除いてもまだ磁場がある部分をいう．簡単にいうと磁気の強い岩石の存在を示す．玄武岩は磁鉄鉱を多く持っているので，そこに磁気の異常が現れる．

海嶺ではマグマが供給されて新しいプレートができている．海嶺を作る玄武岩マグマは磁鉄鉱を多く含むために磁気的性質を帯びている．地球の磁場は北と南を指す双極子磁場であるが，地質時代でその向きが逆転する．海嶺が正の磁極の時期に形成された海洋底には海底に平行に正の磁気異常を持つ．逆転期にでき

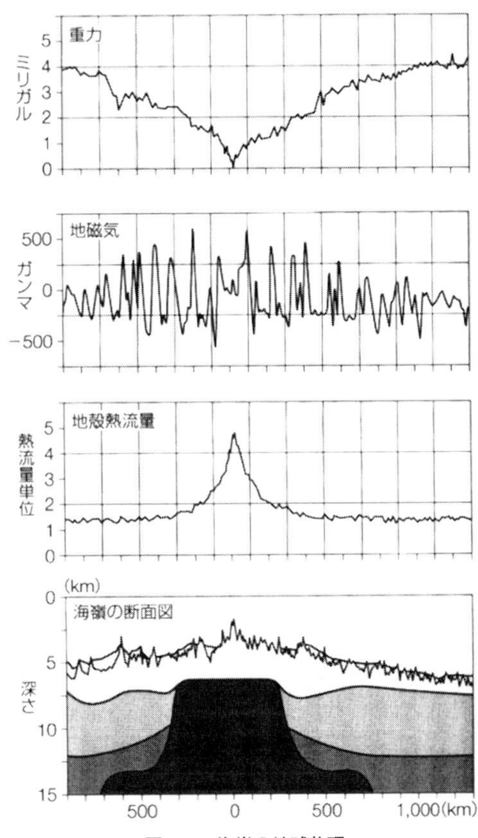

図 1-9　海嶺の地球物理
海嶺の重力，地磁気，熱流量は軸に対して対称的に分布している．（藤岡，2012）

た海洋底は平行に逆の磁場を持つ．このような磁気異常がきれいに並んでいる．

(3) 地殻熱流量

海嶺ではマグマが上昇してくるために，地下から熱が伝導や伝搬で伝わってくる．それゆえに海底で観測される地殻熱流量はきわめて高い．平均的な海洋の地殻熱流量はおよそ 42 mW/m^2 であるが，海嶺の熱水が出てくるような場所ではその 1,000 倍以上も高く，100 W/m^2 というような値が得られる．しかし，海嶺から遠ざかるにつれてこの値は低くなっていく．その関係は，指数関数的である．シュレーターはこの関係が年代の平方根に反比例することを示した

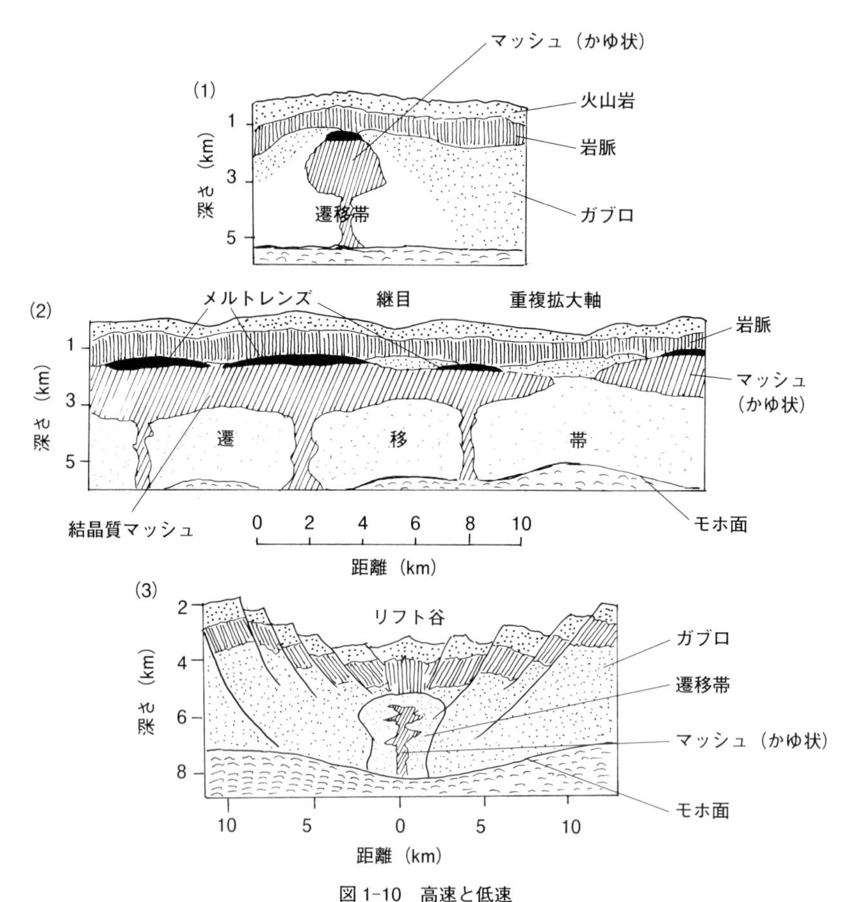

図 1-10　高速と低速

(1)，(2) は高速拡大，(3) は低速拡大．高速拡大と低速拡大では軸部の地形や岩石が異なる．

(ルートT（$\sqrt{T}$）則)．水深も同様に年代とともに変化して海嶺から遠ざかるにしたがって徐々に深くなっていく．

(4)　海嶺の地下構造

音波探査や岩石の組成から海嶺の地下構造が明らかになってきた．海嶺は低速拡大と高速拡大では地形や構造，岩石などに違いがあることがわかってきた．

基本的には地下からのマグマが一点に集中するか全体として出てくるかの違いである．低速拡大では一つ一つのマグマだまりが小さくてそこに集中して出てくる．高速拡大ではメルトレンズ（melt lens）といわれるように，拡大軸の継ぎ目が一つのセグメント（segment）の境界になっており，そのセグメントの中では全体にマグマが出てきているようである．メルトレンズの深さは海底から1 km程度ときわめて浅い．

このような理由から低速拡大軸ではマグマの供給速度が遅いために，海嶺全体が冷やされて水深も大きく，マグマだまりも深い．それに対して，高速拡大軸ではマグマの供給速度は速いために，水深も浅く，マグマだまりも浅いところにある．この原因は地下の温度によると思われる（図1-10)．

1-6　海嶺の熱水系

1-6-1　中央海嶺の熱水の発見

中央海嶺は地殻熱流量が高いためにそこでは海水が循環し，海底に温度の高い熱水が噴き出しているという可能性が考えられてきた．これが最初に見つかったのはアフリカとアラビア半島の間にある紅海の底であった．ここは1948年頃からの調査で海底に何か異常な現象が知られていた．1965年にアトランティス2世号が水深2,167 mのアトランティスIIディープから，水温56℃で塩分に富んだ水と金属に富んだ堆積物を発見した．このことから拡大軸には金属の硫化物に富む熱水が噴出している可能性が期待された．

1976年にフランスと米国が共同でフェイマス計画（FAMOUS；French-American Mid-Ocean UnderSea）という中央海嶺の調査を行った．このときは中央海嶺の海底の様子がカメラに収められ，枕状溶岩が累々と並んでいる様子が見られたが，高温の熱水は発見されなかった．

図 1-11 東太平洋海膨の熱水

1977 年と 1979 年に米国の潜水調査船「アルビン」が東太平洋海膨やガラパゴス海嶺から高温の熱水を発見した（図 1-11）．1977 年には温度が低い死んだチムニーとその周辺に巨大なチューブワームが発見されただけであったが 1979 年には 360℃ のブラックスモーカーとその周辺に奇妙な化学合成生物群集が発見された．

この発見は 20 世紀の海洋地球科学や海洋生物科学の分野で最大の発見であった．この意義は，熱水噴出孔が生命が誕生した 38 億年前の海底の様子と類似であるために生命の誕生に迫れること，熱水噴出孔そのものは海底の鉱山ともいえるために海底の資源の探査に重要なインパクトを与えたこと，熱水噴出孔周辺の海底の環境が海水の循環を促しているのを明らかにしたことなどであった．その後次々と海嶺から熱水噴出孔が発見されて現在に至っている．1986 年に大西洋を横断して海水の組成を研究する TAG（Trans-Atlantic Geotraverse）という計画が行われていたが，大西洋の真中の海嶺の上の海水の異常に気が付いてカメラを下ろしたところ，世界最大級の熱水マウンドが発見され，プロジェクト名にちなんで“TAG”と名付けられた．

1-6-2 海嶺の熱水

熱水系は TAG から北緯 30 度のロストシティ（Lost City）でたくさん見られ

る．レインボウ（Rainbow）やラッキーストライク（Lucky Strike）などという名前が付けられている．大きなリフトのフロアに大きな熱水系が見つかっている．レインボウはマウンドを持たず線状に並んだ背の高いブラックスモーカーが林立するのが特徴的であった．また熱水の母岩は超塩基性岩であるのも珍しい．ロストシティも同様に超塩基性岩が母岩であるが，高さ 66 m にもなる巨大な炭酸塩のチムニーがそびえている．

高速拡大の海嶺，東太平洋海膨ではチムニーはそれこそ林立する感じである．すべて中央のリフトの中に存在する．背丈は優に 2 m を超すものが並んでいて全体を見渡すのが難しい．数はほとんど数えきれないほどある．

インド洋の熱水系の発見は 2000 年まで持ち越されたが，海嶺三重点やその付近からたくさん見つかっている．しかしインド洋に関してはむしろ生物群集に興味がある．このことは後に第 7 章の生物の項で述べる．

1-6-3　拡大系（海嶺）の鉱山

1977 年に発見された海底の熱水系は現在では 350 以上の熱水噴出孔が知られており，そのうちの 90%が拡大系で見つかっている．今後さらに拡大系のほとんどすべての部分で熱水系が見つかるであろう．拡大系の熱水のうち，よく研究されているものに大西洋中央海嶺の TAG がある．TAG には世界最大級の巨大な金属鉱床が形成されている．海底の熱水系は陸上の金属鉱床の鉱山と同じであり，いわば海底の鉱山である．

この鉱山は海洋底を作る玄武岩の隙間から海水が地球の内部へと吸い込まれ，地下へ行くほど温度が高くなって，周辺の岩石と反応することによって，海水中の Ca や SO_4 が放出され，岩石中に含まれる Cu，Pb，Zn，Au，Ag などの金属元素が取り込まれて，再び海洋底へ放出されたときには金属の硫化物をまき散らしてチムニーやマウンドを形成する．このような金属鉱床は拡大軸には多数知られていてキプロス型の鉱床として知られている．

1-6-4　キースラガー鉱床の現代版はどこか

キースラガー鉱床は海底の資源として有名でここに書く次第．キースラガーも黒鉱鉱床ももともとは陸上の鉱山として知られていたが，それができた場所は海底であることは最初からわかっていた．しかしそれがどのような海底であったのかについては最近までわからなかった．

江戸時代から四国愛媛県の別子には巨大なキースラガーという含銅縞状硫化鉄鉱床（名前はいかめしいが要は銅を含む硫化物が縞状に鉱床を形成しているもの）の存在が知られていた．この鉱山は三波川変成岩帯の中に形成されている．紀伊半島では飯盛鉱山，静岡県では久根鉱山や峰之沢鉱山であった．この鉱床は堆積物の堆積層に沿って黄鉄鉱の結晶が並んでいるのが特徴である．この鉱床の現代版はどこかというのも大きな問題であった．

キースラガーの現代版の一つは米国西岸沖にあるファン・デ・フーカ海嶺北端のミドルバレーであろう．これはバンクーバーの沖にある海嶺であり，陸に近い部分は厚い堆積物で埋まっている．この埋もれた海嶺に鉱床のもとになる金属を含んだ高温の熱水（鉱液）が入ってくると，海底の表面には出られなくてシルとして堆積物の間に貫入する．シルとは地層の層理面（海底に平行にたまった地層の境界面）に沿って貫入したものをいう．シルとして入ったマグマから晶出した鉱石はその後海嶺の熱で変成作用を受け，キースラガーと同じ構造になる．このようなことがODP（Ocean Drilling Program；国際深海掘削）のLeg 139とLeg 169の航海で掘削によって明らかにされている．

1-7 太平洋はいったいいつからあるのだろう

太平洋は昔からあったようである．2億5千万年前のパンゲアの地図を見ると大きな海パンサラッサが存在した．太平洋とはパンサラッサが縮小したものである．太平洋の年代を直接的に数えることができるのは，地磁気の縞状異常をたどればおよそ180 Ma位までであるが，それより古いものは沈み込んでしまって存在しないために正確な年代はわからない．大西洋は明らかにパンゲアの分裂によってアメリカとアフリカの間にできた海である．そのために太平洋よりは新しい．その年代は，地磁気の縞状異常から読み取れて太平洋と同様に180 Ma位である．しかし，大西洋はそれより古い時代には存在せず，その前のイアペイタスオーシャンは400 Ma位には存在した．一方，インド洋は，それ以前にはテーチス海というものがあったところに，インドが南極から分裂して北上し，ユーラシア大陸に衝突した50 Ma頃にできたものであるので一番新しい．これはロドリゲス三重点から地磁気の縞状異常を数えていけば答えが出る．

地球ができた直後の4,000 Ma頃の最初の海洋は大陸ができるまでの間は一つの海であった．小さな島弧がいくつも寄せ集まって最初の超大陸ができるまでの間は，海は島弧を囲む多島海であった．超大陸ができたときには再び一つの海になった．これがおそらく最初の超大陸ができた2,700 Ma位のことであろう．

その後最後の超大陸パンゲアができた250 Maまでの間にどのような海ができて，どのような陸が形成されてきたのかはあまりよくわかっていない．

まとめ

大洋中央海嶺は新しくプレートが生産される場所で，年間1 cm位から15 cm位で拡大する低速と高速の拡大軸がある．ここでは地球物理学的なパラメータ，地形，重力，地殻熱流量，地磁気などは対称的に分布する．地下の岩石，マグマだまりの構造，上部マントルの岩石は拡大速度によって異なる．海底の熱水系がたくさん見つかっている．低速拡大と高速拡大の違いは，主にマグマの供給される速度，地下の温度の違いを反映している．

2 トランスフォーム断層
—ずれる境界—

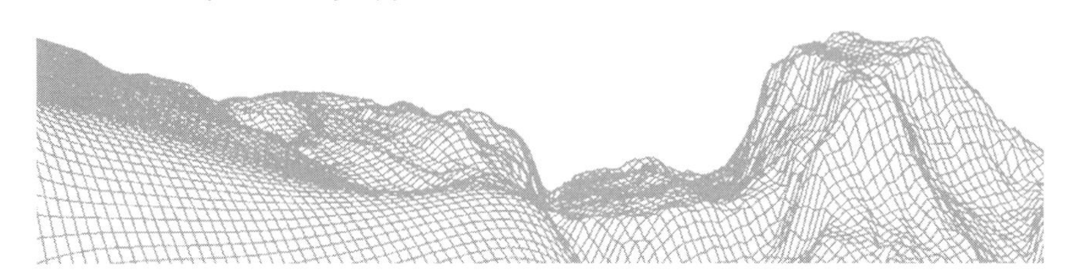

この章では海嶺と海嶺の間を結ぶプレートの境界である断層，トランスフォーム断層の地形や構造について見ていく．そこには海洋地殻の深部やマントルを構成する岩石が露出しており特異な地形を形成している．

2-1　断裂帯とトランスフォーム断層

海洋研究の集大成である論文集 *The Sea* が 1961 年から出版されているが，その Vol. 3（1963）の中に“Fracture zone”というものがある（pp.260 ～ 263）．断裂帯である．この本がまとめられた当時はまだ断裂帯としては四つか五つほどしか知られていなかった．断裂帯とは断層によって地面が食い違っているものである．断裂帯の存在する水深は，深海平原の 5,000 ～ 5,500 m より深く 6,000 m を超えるものもあって，かつては海溝と考えられたときもあった．例えば，太平洋にあるメンドシノ断裂帯（Mendocino Fracture Zone）はメンドシノ海溝と呼ばれていた．「断裂帯」が「トランスフォーム断層」であることがわかったのはもう少し後のことになる．

断裂帯からはドレッジによって変成岩や著しく変形を受けた岩石，さらに地殻の下部や上部マントルを作るガブロ（gabbro；はんれい岩）や超塩基性岩（ultramafic rock）などが見つかっている．そのため，これらがプレートの断面（のちの第 3 章でオフィオライトとして紹介する）を表しているものと考えられてきた．1990 年代になって潜水調査船で断裂帯の目視観察が行われるようになり，そこには上部マントルを構成する超塩基性岩が露出していることがわかった．

地殻から上部マントルにいたる一連の地質断面は，海底のトランスフォーム断層で見られるものより，海洋プレートそのものが陸上にのし上がって露出しているアラビア半島のオマーンでよく観察され研究されてきた．このことは後に第3章で述べる．

トランスフォーム断層（transform fault）とはカナダの地球物理学者ツゾー・ウィルソン（Tuzo Wilson）が発見し名付けたもので，基本的には断裂帯に見られる断層と同じであるが，海嶺と海嶺とか海溝と海溝などをつなげる断層という意味である．これは一種の横ずれ断層であるが，横ずれ断層とは決定的に違う．今，海嶺がある速度で東西に拡大していたとする．その北か南に同じように海嶺が拡大していたとすると，トランスフォーム断層で向き合った海嶺同士の外側では，同じ速度で拡大する限りはその境界にずれは生じない．しかし，海嶺同士の内側間では，互いに逆方向の力が働くので，その境界では横ずれ断層と同じようにずれが生じる．ウィルソンはこの断層をそのように名付けた．断裂帯とトランスフォーム断層とは同じものであることがわかった．*The Sea* が出版された頃にはまだトランスフォーム断層という概念はなかった．断裂帯は基本的には巨大な断層であろうことは認識されていた．

トランスフォーム断層はプレートができる構造を考えると理解しやすい．プレートは球面では回転運動をする．一つのプレートには回転の極が得られる．回転の極に近いところでは遅い速度で回転するが，極から遠いところでは早く移動しなければならない．回転速度の違いのために回転の緯度方向に平行なずれが生じる．これがトランスフォーム断層である．トランスフォーム断層の垂直方向の変位は，プレート同士がずれることによるためにプレートの底近くまでつながる断層ということになる．

トランスフォーム断層は大西洋にはたくさんあって，ほぼ等間隔に並んでいる．アトランティス断裂帯（Atlantis Fracture Zone；以下 FZ），ケーン断裂帯（Kane FZ）などである．その名前は発見した船の名称が付けられていることが多い．また15度20分断裂帯のように，単なる位置を示す名前など安易に命名したものもある．太平洋には拡大軸がないところにも断裂帯が見られる．メンドシノ断裂帯，クラリオン断裂帯（Clarion FZ），クリッパートン断裂帯

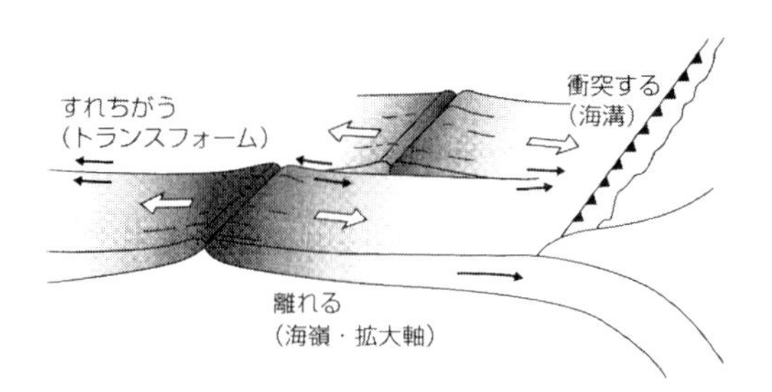

図 2-1　海嶺とトランスフォーム断層の地形
トランスフォーム断層は海嶺をずらしている．(藤岡，2012)

(Clipperton FZ)，エル・タニン断裂帯など，長いものでは大西洋の幅に等しい6,500 km にも達する．また断層によるずれは，ケーン断裂帯やエル・タニン断裂帯のように 200 km 以上にも及ぶものもある．北西太平洋にもたくさんの断裂帯があるが，その年代が古いために，どの海嶺に属するのかが不明なものもあり半分以上海溝に沈み込んでいるものもある（図 2-1）．

2-2　大西洋のケーン断裂帯

大西洋の北緯 24 度には顕著な海底の溝状の深みが東西に延々と続き，長さは大西洋の両岸を差し渡した 6,500 km にも及ぶ．すでに述べてきたケーン断裂帯である．ここでは地形や地球物理学的な観測以外に，潜水調査船「しんかい6500」による潜航調査が行われ，当時としては最もよく知られたトランスフォーム断層であった．その水深は大きいところでは 6,000 m を超える．これはケーン断裂帯の中にある大西洋で最も深い場所で，水深は 6,024 m を記録しており，ここで重力が測定されている．この深さはのちに第 4 章で述べる海溝にも匹敵する．

トランスフォーム断層の内側のインサイドコーナーハイ（inside corner high）では，地形はきわめて浅く，メガムリオン（megamullion；巨大格子構造）を構成している．逆にすぐ近くには，ブルズアイ（bull's eye；牛の目）と呼ばれるきわめて深いノーダル海盆（継ぎ目の海盆）が知られ，ここでは負の重力異常が顕著である．ノーダル海盆とはこの場合海嶺とトランスフォーム断層のつ

図 2-2　ケーン断裂帯
ケーン断裂帯は地形的に高い部分と深い海盆の存在が特徴的．このノーダル海盆は大西洋で最も深い場所である．(Fujioka *et al*., 1995)

なぎ目という意味である．ブルズアイは海嶺のセグメントの中央にあり，そこではマグマの供給がセグメントの端の部分よりは多いために地殻が厚くなり，地下の温度も高いために低重力異常になると考えられている．これは，今のところ低速拡大の大西洋中央海嶺にしか見つかっていない（図 2-2）．

ケーン断裂帯では「しんかい 6500」による潜航が行われた．潜航の結果，トランスフォーム断層の運動に伴って著しく変形を受けた岩石が得られた．断層ガウジ（gouge）や岩石の表面には断層運動によってできたスリッケンサイド（slickenside）などが見られ，この断層が何度も横ずれ運動を起こして変形・破砕したことが明らかになっている．断層運動に関係した斜面崩壊による土石流やラブルフロー（rubble flow）なども見られる．得られた岩石は，新しい枕状溶岩やガブロ，蛇紋岩化を受けたかんらん岩などである．枕状溶岩は断層の斜面に沿って流れ下り，その表面には堆積物がほとんど覆っていないことから新しい溶岩であると考えられる．蛇紋岩化したかんらん岩が地表に出てきたダイアピル（diapir，86 ページ参照）が見つかっているが，マリアナ海域の蛇紋岩海山のようなものであろう．また地下深くで変形，変成を受けてマイロナイト（mylonite）化した高変成度の変成岩も見つかっている．これらの岩石はそれまでのたくさんのドレッジで得られた岩石と同じであるが，潜水調査船でその現場で（in situ）得られた点では貴重である．このようにケーン断裂帯の潜航によって大西洋中央海嶺を形成する地殻と上部マントルの断面が見られた．トランスフォーム断層の底の海底では強い海水の流れを示すリップルマーク（ripple mark）が見られその方向は断層に平行である．深海底にも溝に沿って強い底層水の流れがあったことを物語っている．

それまでトランスフォーム断層の詳細な地形の調査はなぜか行われなかった．海洋研究開発機構（JAMSTEC）の「よこすか」によるシービームを用いた地形調査によって地形の詳細が初めて明らかになった．

2-3　15 度 20 分断裂帯

大西洋の北緯 15 度 20 分には顕著な断裂帯が認められる．それがちょうどこの緯度にあるために「15 度 20 分断裂帯」と呼ばれている．何とも横着な名前である．大西洋には多くが発見した船の名前を使った断裂帯があり，それらの名前があまりにも多いのでうまい名前が付けられなかったのだろう．ビーマ（Vema FZ）とかロマンチェ（Romanche FZ）などである．15 度 20 分断裂帯で顕著なのはメタンの泡が噴き出してきていることである．この海域は陸から遠く離れているために有機物は多くないのでメタンの原因は上部マントルそのものにあると考えられている．

2-4　インド洋のアトランティスII断裂帯

インド洋にも，特に南西インド洋海嶺にはほぼ南北にたくさんのトランスフォーム断層が知られている．それらの中にはノバラという名前もあるが，この由来はよくわからない．東京大学海洋研究所（現・東京大学大気海洋研究所）

がフランスや英国と共同で研究を始めた．海嶺の研究には世界的な傘としてインターリッジ計画（InterRidge）がある．1993年に英国のヨークで会議が持たれ，世界で共同して海嶺の研究を始めようというもので，現在も続いている．この会議には私は当時移ったばかりの海洋科学技術センターから参加して背弧海盆の委員になった．それまでは米国や英国，フランスなどが独自に海嶺の研究を行っていたが，各国ばらばらにやるよりは世界でまとめて行ったほうがさまざまな点で便利であろうことから international に ridge の研究を行う Inter-Ridge 計画が動き始めた．このヨーク会議から出発した InterRidge 計画のもとにインド洋では東京大学海洋研究所の調査船「白鳳丸」が調査にあたった．これはインド洋で，世界で初めて熱水系を見つけようというものであった．インド洋の中央にあるロドリゲス海嶺三重点周辺の詳しい地形調査が行われ，たくさんの断裂帯が見つかった．大西洋に見られるメガムリオンと同様のメガムリオンも発見され富士ドーム（FUJI Dome）と名付けられた．

インド洋にはアトランティスII断裂帯という大きな断裂帯がある．そのすみっこにはアトランティスIIバンクと呼ばれる水深のきわめて浅い堆がある．この堆の上にはサンゴ礁が形成されている．ここは深海掘削船による掘削や潜水調査船による潜航などでよく調べられているところである．DSDP の Leg 118 と Leg 176 で合計 1,500 m もの海洋地殻の断面が掘削されいろいろな岩石が得られている．ここでは海底の表面からいきなりガブロが得られている．かんらん石ガブロ（ノーライト）やトロクトライトなどが得られている．また著しく鉄鉱に富んだ鉄酸化物ガブロも得られていることからかなり分化が進んでいることがわかる．掘削では驚くべき厚さのガブロが得られているが，かんらん岩は得られなかった．しかし，「しんかい6500」による潜航調査では連続的整合的なガブロとかんらん岩の境界，モホ面（3-2 節参照）が発見された．掘削では得られなかった層状ガブロやドレライト（dolerite，5-3-6 項参照）の岩脈群やシート状の岩脈群（sheeted dyke complex）も見つかっている．さまざまな産状から岩石学的なモホ面は一様ではなくさまざまなケースがあることがわかっている．このことはオマーンの陸上でも観察されている．

2-5 北太平洋の断裂帯

北太平洋の北の部分から赤道にかけてたくさんの断裂帯が知られている．メンドシノ断裂帯，パイオニア断裂帯（Pioneer FZ），マーレー断裂帯（Murray FZ），モロカイ断裂帯（Morokai FZ），クラリオン断裂帯，クリッパートン断裂帯，ガラパゴス断裂帯（Galapagos FZ），マーケサス断裂帯（Marquesas FZ）などである．モロカイ断裂帯はハワイのモロカイ島の周辺まできていて島を横断している．南半球ではチリ沖にバルディビア断裂帯（Valdivia FZ）があるが，これはダーウィンが 1835 年に「ビーグル号」航海で訪れた際に大きな地震にあったバルディビアの地名に由来している．クラリオン断裂帯とクリッパートン断裂帯の間の海底は世界でも有数のマンガン団塊の産地で「マンガン銀座」と呼ばれている．

これらの断裂帯には不思議なことにその周辺には拡大軸が見られない．これらの断裂帯は，現在の東太平洋海膨の活動によってできたのではなく，もっと古い海嶺の活動によってできたものである．太平洋に昔あったファラロンプレート（Farallon Plate）やクラプレート（Kula Plate）によるものである．日本列島の周辺にも拡大軸のない断裂帯がたくさん知られているがまだ名付けられていないものが多い．

2-6 東太平洋海膨の断裂帯

海嶺の項でも述べたように，南緯 13 度から 20 度までのおよそ 800 km の間には全く断裂帯が見られない．これは大西洋と比べると著しい特徴である．これは海嶺に供給されるマグマが大西洋ではどちらかというと点ソースであるのに対して太平洋では面ソースであることによるものと考えられている．

2-7 トランスフォーム断層の岩石

1950 年代には断裂帯でいくつかドレッジが行われ，中央海嶺の玄武岩とはだいぶ違った岩石が得られた．それは超塩基性岩の変質した蛇紋岩（serpentinite）や著しく変形を受けた火山岩（volcanic rock）や深成岩（plutonic rock）なのであった．緑色片岩相（greenschist facies）の変成岩（metamorphic rock）も得られている．変成岩はもっと変成度の高いものも得られている．これらのことからイタリアのボナティ（E. Bonati）たちはトランスフォーム断層の地下の岩石の組み合わせを考えた．表層には堆積物が覆っており，その下位には玄武岩，さらに下位にはドレライトやガブロ，これらの岩石が変形したもの，そして蛇紋岩がある．蛇紋岩は上部マントルを形成するかんらん岩が変質，蛇紋岩化してできたものと考えられた．

2-8 メガムリオン

この奇妙な名前は有楽町駅前にある「銀座マリオン」だと思えばいいだろう．マリオン（mullion）は格子構造のことであるが，海底のトランスフォーム断層に出てくる．大西洋中央海嶺のトランスフォーム断層で海嶺との交点の互いに内側に向き合ったコーナーには地形的に高いところがある．ここはよく見ると

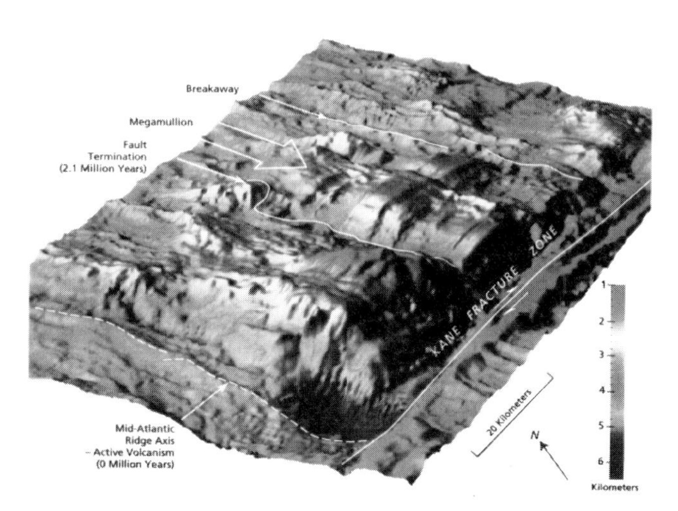

図 2-3 メガムリオン
格子状の構造は海嶺に平行なものと直交するものの組み合わせである．（Cann *et al.*,1997）

海嶺の拡大に平行なファブリック（fabric）とそれに直交するファブリックが交わってあたかもムリオンまたはマリオンのような構造をなしている．それが巨大なのでメガムリオン（megamullion）と名付けた．ウッズホール海洋研究所のブライアン・タホーキー（B. Tucholke）であった．彼はこのような構造ができるモデルを提案している．タホーキーは海嶺のトランスフォーム断層と端の部分に奇妙な高まりがあるのに気が付いてメガムリオンと名付けた．これは大西洋では当時17か所で見つかっている．遅い拡大をする海嶺とトランスフォーム断層の互いに内側では周辺より地形的に高いマウンドのようなものが見つかっている．これは格子状の構造をしているので巨大な格子と名付けられたのである．英国のジョー・キャン（Joe Cann）は大西洋の北緯30度にあるアトランティス断裂帯にあるメガムリオンで詳しい研究を行った．それによると拡大軸に平行する構造と直交する構造が認められ全体として格子のような構造が知られるようになった．拡大軸に平行な構造は海洋底を作るときにできた組織であるが，それに直交する方向の構造は断裂帯に平行なもので断層そのものである（図2-3）．

2-9 デスバレーの高圧変成岩

北米西岸のフランシスカン層群の中には周辺より変成度の高い地帯がある狭い特定の地域にのみ露出しているところがある．それはメタモルフィックコアコンプレックス（metamorphic core complex）と呼ばれていて，最初はデスバレー（Death Valley）で発見されてそのように名前が付けられた．本来地下深くに存在するはずの高度変成岩が地表へ露出するメカニズムとして，表層の部分がきわめて低角の正断層による円弧滑りで滑っていったため表面がはぎとられ，残された地下の高圧の部分がむき出しになったという考えが出された．メガムリオンの成因についても同様のプロセスが考えられた．プレート生産部分のきわめてマグマが乏しい場所で，マグマが出てきたときに離れるプレートと一緒に引っ張られて表面の軽い物質がはぎとられ，やがて内部にあった密度の大きいものが出てくるというのである．玄武岩質なプレートの表層がはぎとられてドレライトやガブロ，マントルを作るかんらん岩などが直接海底に顔を出しているのである．ケーン断裂帯の近くにあるダンテスドーム（Dante's Dome）はそのようにしてできたドーム状の構造である．当然大量のかんらん岩が採集できるものと思ったが，ここではかろうじて蛇紋岩のかけらが得られただけであった．しかし，潜水船による重力測定から密度の大きいものが海底の表面に出ていることがわかった．この重力の測定は，実は筆者が潜水船の中で実施したのである．

同じようなドームがインド洋の拡大軸にも見られる．先に述べた，「富士ドーム」と呼ばれているところである．ここでも蛇紋岩が得られ重力測定が行われた．ちなみに筆者はこの2か所で重力測定を行っている．

最大のメガムリオンは，インド洋のアトランティスII断裂帯にある．ここは水深が700 m程の浅いバンク（堆）で，DSDPによる深海掘削のSite 735 Bでもガブロや超塩基性岩が得られている．バンクの上にはサンゴ礁が乗っている．ここではいきなりガブロやかんらん岩が得られ，玄武岩はないか，ないに等しいような分布をしている．ダンテスドームや富士ドームのメガムリオンに比べてアトランティスIIは水深が浅いため海底からの隆起量が大きい．

断裂帯でのメガムリオンの存在は低速拡大軸では数多く知られているが高速拡大軸では知られていない．ところが，第5章で述べるが背弧海盆であるフィリピン海でももっと大きなものが見つかっている．

まとめ

断裂帯，トランスフォーム断層は海嶺同士，海嶺と海溝などを結ぶ断層である．そこは地下深部の地表への窓である．トランスフォーム断層の研究は深海掘削以外は深海底そのものでの研究より，陸上に露出するオフィオライトと呼ばれる特殊な岩石群の研究によって相補的に進歩してきた．そのことは第3章に述べる．

3 オフィオライト
—海洋プレートの化石—

オフィオライトと呼ばれる奇妙な名前の岩石がヨーロッパアルプスで見つかった．これが海洋地殻（海洋プレート）の化石であることがわかり深海底に存在するはずのプレートの詳細な構造や岩石の研究とともに，なぜ海洋プレートが陸に乗り上げるのかについての研究がなされてきた．

3-1　海洋地殻の化石，オフィオライト

米国カリフォルニアのフランシスカン変成岩を研究していた米国地質調査所のロバート・コールマン（R. Coleman）は，世界中の変成岩帯（岩石が形成された時の温度・圧力などの条件がその後変化したために化学反応が起こって，別の安定な鉱物の組み合わせの岩石になったものを変成岩という）の中に，過去の海洋地殻が入り込んでいることに気が付いた．その根拠はそれらの岩帯の中にある玄武岩の化学組成が中央海嶺の玄武岩の組成にきわめて類似していることであった．このように深海底に存在する岩石が陸上の造山帯の中に入り込んでいる現象に関しての研究の発端となったのが，オフィオライト（ophiolite）という岩石であり，コールマンがその奇妙な岩石の地球科学的な重要性に気がついたのは1970年代になって，プレートテクトニクスの考えが定着してからであった．

3-2 オフィオライトとは

オフィオライトという変わった名前の黒緑色の石がある．オフィ（ophi）はヘビのことである．ヘビのような色と模様を持つ岩石ということである．19世紀の終わりごろ，イタリアのロッティ（B. Lotti）はヨーロッパのアルプス山脈の地層中に緑色でヘビの模様のような奇妙な岩石が特徴的に産出することに気が付いて，それをオフィオライトと名付けた．通常，岩石の名前は，岩石に含まれる鉱物の組み合わせに対して付けるのが一般的であるが，岩石の組み合わせに対して名前を付けたのである．例えば，玄武岩とは輝石，かんらん石，斜長石からなる細粒の岩石のことをいう．ところがオフィオライトは，3種類の岩石，堆積岩，火成岩，超塩基性岩の組み合わせについていう．その後，ドイツのシュタインマン（G. Steinmann）は，オフィオライトが上位から深海堆積物（岩），玄武岩，かんらん岩（超塩基性岩）という層序を持つことに気が付いた．オフィオライトは3種類の岩石が密接に伴うので，オフィオライトである条件として，キリスト教でいう三位一体（Trinity）という言葉を使った．キリスト教では神とキリストと聖霊が三位一体である．

シュタインマン以降はいろいろな地域で営々とオフィオライトの岩石の記載が行われたにすぎなかった．特に地中海周辺のアルプスやキプロス島（Cyprus）での研究が盛んであった．

オフィオライトが一躍脚光を浴びたのは，海洋底の構造と岩石が明らかになってきた頃からである．さらにプレートテクトニクスの出現によってその意味付けが確定された．1960年代には海洋底の構造がどのようになっているかを調べるために，音波探査が盛んに行われた．音波探査とは，150気圧くらいに圧縮した空気を一瞬にして放出し，船から海底に向けて一定の時間間隔で発信させ，その音が地層の境界で反射して返ってくる時間を記録し，それにかかった時間から，そこを構成する物質を特定する探査方法で，地層探査の方法の一種である．自然地震や人工地震の代わりに圧縮した空気を使う．

このような方法で世界の海洋の構造の探査が行われると，大西洋でも太平洋でもインド洋でも，世界中どこでも海洋プレートは共通の地震波速度（音波速度；sonic velocity）を持つ地層が重なった構造を持つことが明らかになった．当時わかっていた海洋の地震波構造は，第1層は音波速度が3 km/sec位の堆積物，第2層は音波速度5 km/sec位の玄武岩，第3層は音波速度6.8 km/sec位のはんれい岩，そしてモホ面（モホロビチッチ不連続面：地震波の速度の急変する面で卵の殻と白身の境界に相当する）を挟んで音波速度8 km/secのマントルという順番で重なっていると考えられていた．

クリステンセン（N. I. Christensen）はオフィオライトを構成する岩石の音波速度を測定して，これらの岩石が海洋プレートで観測された地震波速度ときわめて似通ったものであることに気が付き，海洋プレートを構成する岩石とオフィオライトの岩石との対比を行った．海洋底で観測される5 km/sec，6.8 km/sec，8 km/secがそれぞれ玄武岩層，ガブロ層，そしてマントルかんらん岩であるが，オフィオライトを構成する堆積岩，玄武岩，ガブロそしてかんらん岩の音波速度がそれらの値ときわめてよく一致することが明らかになった．このことから，オフィオライトは海洋プレートそのものであるといわれるようになってきた．しかしながら，音波探査の速度とその速度を持つ岩石は必ずしも1対1に対応しないために，いろいろな岩石が候補として考えられた（図3-1）．

それまでに米国の岩石学者であるヘス（H. H. Hess）は，マントルと地殻下部の岩石に関しての研究を行っていたが，下部地殻は蛇紋岩化したかんらん岩であると推測していた．彼は後にギヨー（平頂海山）を発見したり海洋底拡大説を唱えたりする．下部地殻はガブロでも一部蛇紋岩化したかんらん岩でも音波速度は同じであるために，長い間下部地殻がどういった岩石であるかについては議論の的になっていた．この問題は，深海掘削によって下部地殻まで掘削によって得られた岩石がガブロであることから解決した．

海洋プレートがどのようにして陸上へ上がるのかに関してはいろいろな考えがあったが明確なものは現在でもない．1970年に米国のデューイとバード（J. F. Dewey & J. M. Bird）は，オフィオライトが陸上に乗り上げるプロセスとしてオブダクション（obduction）という考えを提案している（3-4節参照）．

オフィオライトという奇妙な岩石が発見されて，それが海洋プレートと同じものであり，造山帯の中にどのようにして入り込むのかに関してはほぼ解決したものと考えられる．現在ではオマーンにある巨大なオフィオライトが詳細に研究され，手の届かない下部地殻より深いプレートの構造や岩石などに関する研究に役立っている．現在では深海底の掘削はまだモホ面にまでは届かずに下部地殻どまりである．上部マントルが掘削されるにはまだだいぶ時間がかかるものと思われる．

図 3-1　岩石の写真
(1) 深海堆積物，(2) 玄武岩の枕状溶岩，(3) 岩脈，(4) ガブロ，(5) かんらん岩．

3-3 世界のオフィオライト

ヨーロッパのアルプス山脈でオフィオライトが初めて見つかって以来，世界のさまざまな地域で同様の岩石が次々と見つかった（図 3-2）．オフィオライトはギリシャのブリノス，地中海のキプロス島，パプアニューギニア，ニューカレドニア，カリフォルニアで見つかり，アラビア半島のオマーンには巨大なオフィオライトが露出している．オフィオライトのテクトニックな重要性を初めて指摘したのがコールマンであった．彼はそれらのオフィオライトの層序とその厚さなどを検討し，海洋地殻とマントルが陸にのし上がったものがオフィオライトであると考えた．彼は 1977 年に *Ophiolites* という本を著してオフィオライトを現在のプレートテクトニクスの枠組みの中で集大成した．そして，オフィオライトが海洋地殻または海洋プレートの層序と同じであること，その分布がかつてプレートの沈み込み境界であったことから，オフィオライトこそが海洋プレートそのものであるという見解に至った．

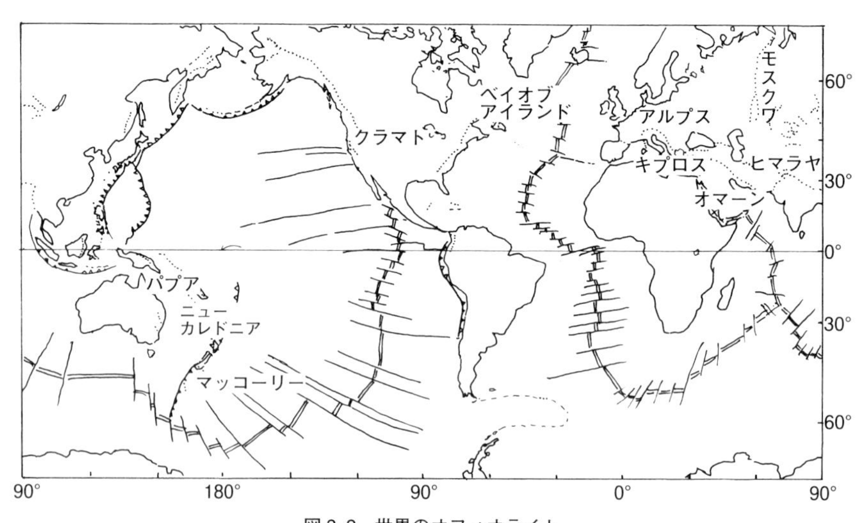

図 3-2 世界のオフィオライト
オフィオライトは現在の沈み込み帯や過去の沈み込み帯と密接に関係している．

3-3-1　キプロスのオフィオライト岩体

地中海の中にあるキプロス島は四国の半分くらいの大きさの島である．中央にトロードス（Troodos）山脈がある．ここは巨大な銅の鉱山があることで知られている．ここには層序を持った岩体が三重の輪を作って分布する．一番内側には深成岩や超塩基性岩が分布している．その外側にはシート状の岩脈群（sheeted dyke complex）が分布し，その外側には枕状溶岩が見られる．これはオフィオライトの層序，白亜紀から新生代の堆積物，枕状玄武岩，ドレライトのシート状の岩脈群やガブロ，そして超塩基性岩（ハルツバージャイト；harzburgite）という順番になっている．堆積物は鉄やマンガンに富んで赤い色をしておりアンバー（umber）と呼ばれた．もともとは熱水堆積物であるが，オフィオライトに伴うものは特にアンバーと呼ばれるようになった．

キプロス島では重力異常が観測されているが，世界最大の値を示している．重力の正の異常でドーム状の中央では 270 mgal もある．これについては，ガス（I. G. Gass）は南から来る沈み込み帯へ北からのプレートが覆いかぶさったために大きな重力異常ができたと考えた．

キプロスの岩体を調べていた都城秋穂（A. Miyashiro）は，特にその玄武岩の組成からキプロスオフィオライトは中央海嶺でできたものではなく，島弧でできた玄武岩であるという論文を 1973 年に出して世界中に大論争を起こした．英国のジュリアン・ピアス（J. Pearce）は都城の論文に出された分析値などを検討した結果，都城の言うようにキプロスのオフィオライトは島弧で形成されたと結論した．ちなみに，ピアスはスパイダーグラム（spidergram）を考え出した地球化学者である．スパイダーグラムとは，岩石の起源を明らかにするために，さまざまな元素を横軸にとってその含有量を並べて比較するダイアグラムで，そのプロットのパターンがまるでクモの巣のようになるのでそのような名前で呼ばれる．これ以降オフィオライトは通常の海洋底だけでなく，背弧や島弧に起源を持つものもあるという考えが一般的になってきた．

キプロスの銅鉱山は背斜軸の中央に層状に露出する銅，鉛，亜鉛の鉱山である．周辺は枕状溶岩など海洋底に特徴的な岩石からなり，中央海嶺でできたと考えられている．現在の熱水噴出孔やマウンドなどが陸上へのし上がってできたもので，キプロス型の鉱山といわれている．オフィオライトにはキプロス型の鉱山が多数知られているが同様にしてできたものと考えられている.

3-3-2 ギリシャのオフィオライト岩体

地中海の沿岸からアルプス山脈にかけて広くオフィオライトが産出することはシュタインマン以来よくわかっていた. ギリシャのブリノス (Vourinos) 岩体のオフィオライトは上から玄武岩, ガブロ (トロニエマイト；tronjemite：花崗岩の一種), 輝岩, かんらん岩の層序を持ち, その厚さは 12 km にも及ぶ.

3-3-3 パプアニューギニアのオフィオライト岩体

デービス (H. L. Davies) によれば, パプアニューギニア島には北西-南東方向に大きな断層, オーエンスタンレー断層 (Owen Stanley Fault) が走っており, それは東へ傾く逆断層で, 東側が西側へと乗り上げたと考えられている. つまり, 太平洋側からオフィオライトが西側へと乗り上げたものと考えられた. パプアニューギニアのオフィオライトの層序は上から玄武岩, ガブロ, 集積岩のかんらん岩と, 変成したかんらん岩が重なっている. その厚さは約 15 km である. これらの変成岩にはローソン石 (lowsonite) や藍閃石 (glaucophane) などの低温・高圧変成鉱物が含まれている.

3-3-4 ニューカレドニアのオフィオライト岩体

ニューカレドニア (New Caledonia) のオフィオライトはニューギニアと似て島を横切る断層の上盤側からオフィオライトが乗り上げている. ここには完全な層序はなくてガブロとその下にある超塩基性岩が露出しているにすぎない. ローソン石などの低温・高圧変成岩に特徴的な鉱物を含む変成岩が露出している. 太平洋側の海洋プレートがのし上げたタイプとして知られる一番若いオフィオライトである.

3-3-5 ベイオブアイランドのオフィオライト岩体

米国東海岸のニューファンドランドにはハレ湾とベイオブアイランド (Bay of Island) のオフィオライトが分布している. これらは北東方向に 96 km × 24 km の長さにわたって分布している. 先カンブリア時代のグレンビル変成岩の

基盤の上に，12 km 以上の厚さのオフィオライトの岩体が逆断層で乗り上げている．その層序は，上から堆積岩，枕状溶岩，シート状の岩脈群，ガブロ，ハルツバージャイトからなるかんらん岩で，その下にはレルゾライトが見られる．これはほぼ完全なオフィオライトの層序で，オマーンに見られるものと同じである．

3-3-6 オマーンのオフィオライト岩体

アラビア半島の東にあるオマーンという国は長い間鎖国を続けていたが1972年に研究者を自分の国へ受け容れることになった．1973年から早くもフランスの岩石学者アドルフ・ニコラ（A. Nicolas）のグループはオマーンの岩石を研究してこれらが白亜紀の海洋プレートが陸に乗り上げたものであるとの見解を示した．ニコラはそれらを集大成した本を1995年に出版した．それは『中央海嶺』（*The Mid-Oceanic Ridges*）という本であるが，海洋の観測ではなくてオマーンオフィオライトやほかの地域のオフィオライトの研究にも主眼をおいたものだった（図3-3）．

MODE'94で東太平洋海膨を研究した科学技術庁（現・文部科学省）の科学振興調整費のグループは，その研究の一環として陸上のオマーンの岩石の総合的な研究を行った．陸上に関しては産業技術総合研究所，海洋研究開発機構，新潟大学，金沢大学，静岡大学などが現地の調査を行った．

図3-3 オマーンオフィオライト地図
オマーンでは海岸に沿って550 km分布している．東京から姫路くらいまでの長さになる．（藤岡，2012）

オマーンはシンドバッドの冒険で有名なマスカットが首都であるが，そこから北のソハールへ550 kmにわたってオフィオライトが分布している．東京から姫路くらいの長さである．これは今から1億年前のインド洋にあったプレートがオマーンの陸上へのし上げた（オブダクション）ものであると考えられた．マスカットの海岸から陸に向かって鉄やマンガンに富む赤茶けた色の深海堆積物（アンバー），枕状溶岩，ドレライト，ガブロ，そして超塩基性岩が順に分布している．枕状溶岩はその形がよく残っていて東太平洋海膨で観察されたものと同じである．その上に来る岩脈は急冷縁がよく保存された膨大な量の岩脈群（dyke swarm）である．ガブロには斜長花崗岩と呼ばれる白っぽいものから黒っぽいものまでが産出する．白い花崗岩は，マグマだまりから分化した長石に富んだ部分が脈として，また塊として分布している．かんらん岩は著しい褶曲構造を示していたり，部分融解したものが細い脈として岩体を形成しているのが見られた．そして，かんらん岩の下にはこれがのし上がったときに生じた摩擦熱で温度の高い部分が知られている．これをメタモルフィックソール（metamorophic sole）と呼んでいる．つまりかんらん岩から上の部分が滑り上がったのである．かんらん岩の中にかんらん石が濃集したダンかんらん岩（dunite）やクロマイトの濃集したクロミタイト（chromitite）などの岩体が知られる．クロマイトは鉱床としても掘られている．オマーンではオフィオライト以外にも深海底にいた熱水系のチューブワーム（tubeworm）の化石も見つかっている．このような大きなオフィオライトの岩体はオマーン以外では知られていない．またこれだけ大規模な岩体が陸上へのし上がるメカニズムに関しても納得のいく説明はない．

3-3-7 日本のオフィオライト岩体

日本では兵庫県の夜久野帯や北海道の神居古潭帯に知られる．これらは環太平洋の造山帯に特徴的に産出することが明らかになってきた．日本のオフィオライトはキプロスやオマーンのように完全な層序を持たず，断片的にオフィオライトの層序の岩石が露出するのでディスメンバードオフィオライトと呼ばれている．現在では付加体の中にもみ込まれた海洋地殻の一部であると考えられている．

3-4　オブダクション

米国のデューイとバードは1970年に膨大な量の論文をレビューしてアパラチア山脈の中にあるオフィオライトは沈み込むプレートがばらばらになって造山帯の中に取り込まれるとした．そして，オフィオライトが陸上にのし上げるオブダクション（obduction）という考えを提案した（図3-4）．

それより前にキプロスのオフィオライトに関してガスは海洋プレートが全体として乗り上げるモデルを考えた．3-3-1項で述べたとおりである．

オマーンでは，フランスのニコラが，海嶺が中軸部ではがれてその破片がオマーンに乗り上げたモデルを考えた．

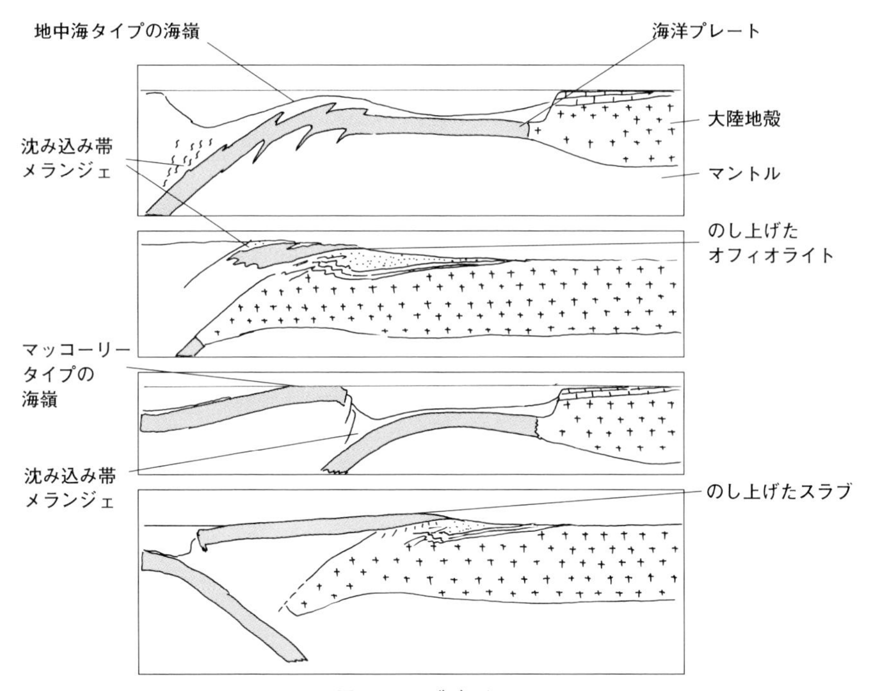

図3-4　オブダクション
プレートののし上げの可能性．上二つは沈み込むプレートが大陸を引っぱってきて衝突するモデル，下二つはプレートがちぎれて大陸にのり上げ新たに沈み込みが始まるモデル．

いずれにしても重たくて厚い海洋プレートをそのまま陸上にのし上げるには何かよほどのからくりがなければできない相談である．これに関しては今のところ納得のいくモデルはなさそうである．

日仏海溝計画の折に，伊豆半島の南にある銭洲海嶺の調査から，銭洲海嶺がプレート内変形をして，壊れているために破片として沈み込み帯に運ばれるというモデルが示されたが，これはヨーロッパの研究者が考える断片化してのし上げるモデルを支持しているのかもしれない．

なぜ陸に上がるのか—オブダクション，先駆的なデューイとバード　オフィオライトは海洋プレートの化石である．これは海嶺で形成されて後に陸上へストランディングしなければ我々の目に触れることはない．プレートが海溝へ差し掛かった頃のプレートの上面の深さは 6,000 m もある．これが陸上へのし上がるのは並大抵のことではない．デューイとバードは沈み込む海洋プレートがいくつかのスライスに分かれて，沈み込み帯に持ち込まれたときに，陸側へと付加するモデルを考えた．ニコラはインド洋のプレートが海嶺の軸部で分かれてその後活動をしなくなったために全体としてのし上がるモデルを示した．しかしいずれも重い海洋地殻が 6,000 m も持ち上がることを十分には説明していない．

3-5　オフィオライトの金属鉱床

オフィオライトに伴う鉱床は多くが海洋底で形成されたものである．キプロス島には巨大な銅の鉱床が知られている．これは，現在の拡大軸などに見られる熱水系と同じもので，枕状溶岩に伴っている．いわゆるキプロス型の銅鉱山である．オマーンにもいくつかの金属鉱床が知られる．超塩基性岩の中に含まれるスピネルやクロマイト（chromite）が集積したクロマイト鉱床が知られている．超塩基性岩に伴うものとしてアスベストの鉱床もある．これは超塩基性岩の変質，蛇紋岩化によってできたものである．

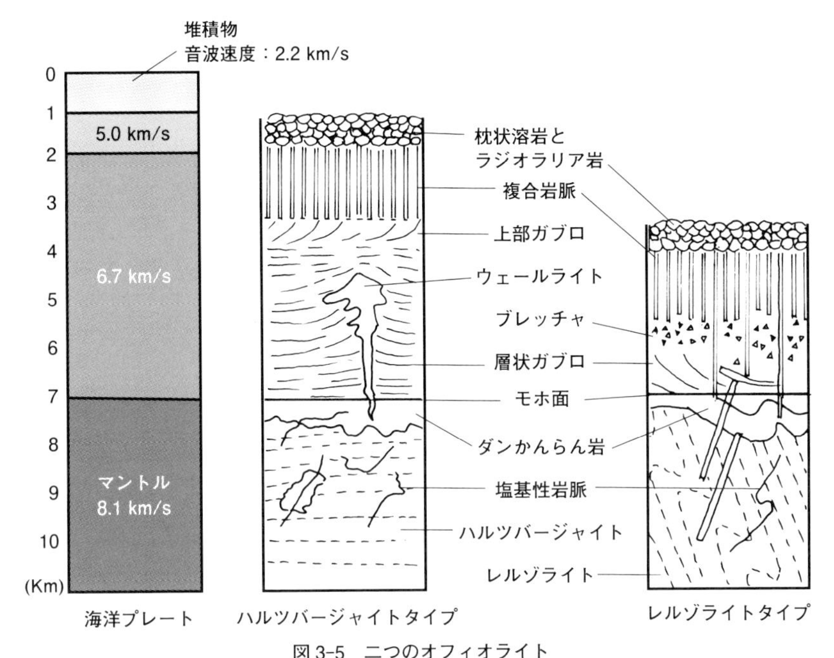

図 3-5　二つのオフィオライト
高速拡大（レルゾライトタイプ）と低速拡大（ハルツバージャイトタイプ）に適用される．

3-6　二つのオフィオライトのタイプ

ニコラたちは世界中のオフィオライトをコンパイルして，オフィオライトには二つのタイプがあることを提案した．レルゾライトタイプ（lherzolite type）とハルツバージャイトタイプ（harzburgite type）である．これらはそれぞれ現在の大西洋と太平洋のように拡大速度の違いを反映していると考えられている．これは第1章の海嶺の地下の岩石学モデルで示したような高速と低速拡大の違いに相当する．マントルの岩石は分化が進んでいないと単斜輝石と直方輝石の両輝石を含む超塩基性岩，レルゾライトであるが，部分融解が進むと単斜輝石が乏しくなってハルツバージャイトになっていく．部分融解が進むのはマグマがどんどん作られるために高速拡大軸の下のマントルと同じような組成になっていくためである．部分融解があまり進まないと低速拡大軸の下のレルゾライトになる．このように岩石モデルから過去のプレートが高速であったか低速であったかがわかるというのである（図 3-5）．

3-7　オフィオライト研究のその後

オフィオライトはその後さまざまな地域で詳しく研究がなされた．特に岩石中に含まれるさまざまな同位体元素の分析から，それらが拡大軸のものか，島弧のものか背弧のものかという議論やニコラが示したような高速拡大なのか，低速拡大なのかという議論がなされてきた．オマーンでは日本の研究者が多く現地調査を行って，東太平洋海膨のような高速拡大軸にできるメルトレンズや，セグメントの境界部についての細かい議論までできるようになってきている．またオフィオライトの中にできる斜長花崗岩の成因に関しても細かい議論がなされてきている．

3-8　オフィオライトの地球科学的な重要性

オフィオライトは奇妙な名前でデビューし，その地球科学的な重要性が認識されたのはプレートテクトニクスが流布するようになってからであったことはすでに見てきた．オフィオライトが海洋プレートそのものであれば，深海掘削を行わなくても，陸上にあるオフィオライトの岩体を研究すれば，海洋プレートそのものを研究したことになる．実際，例えば，地球深部探査船（掘削船）「ちきゅう」は下北沖で深さ 2,200 m の掘削孔を掘った．海洋底からたとえ 2,200 m 掘っても陸上に露出しているオフィオライトの 10 分の 1 にしかならない．水深 4,000 m を越える深海底でモホ面を掘り抜いてその下の上部マントルまで連続的に穴を掘って資料を得ることは技術的にも経済的にもほとんど不可能である．石油掘削のリグ（掘削用のやぐら）では海底下 6,000 m も掘ることができるが，これは連続コア（上から下まですべてサンプリングすること）ではなく，石油が出てくる大陸縁辺域を掘っているために海洋プレートの物質や構造の解明にはほとんど寄与しない．

海洋プレートの物質化学を研究するためにはオフィオライトは重要なターゲットである．オマーンではモホ面より下の上部マントルに相当する部分が露出している．そのためにオフィオライトがそのまま海洋底にあったとすれば，深さ5〜7 kmに相当する物質を連続的に観察することができる．深海掘削では物質を連続的に回収することは難しい．

オフィオライトは海洋プレートそのものではあるが，それがかつて深海底にあったときの状況をそのまま保持しているわけではない．長い年月の間海洋底を移動し，現在の位置にまで来ている．その間には，海洋底変成作用やテクトニックな変動を受けている．そのためにさまざまなプロセスを積分した形で眺めることができる点で重要である．

Miyashiro（1975）は世界のオフィオライトの玄武岩の化学組成を検討して，それらが中央海嶺でできた海洋地殻だけでなく，島弧や背弧などの多くのテクトニックセッティングをカバーしていることを指摘している．オフィオライトの化学組成から，さまざまなテクトニックセッティングの岩石を研究する可能性が出てきている．南米のタイタオ帯では海洋プレートと島弧の断面が得られていて，陸と海とのせめぎ合いそのものを研究することが可能である．

このようにオフィオライトが完全な形で出てくるものを研究することによって地球上のさまざまなプレートの断面方向の物質化学の研究が進んでいくものと期待される．

まとめ

オフィオライトというヘビのような模様の岩石の組み合わせがアルプスで発見されて以来1世紀の間の研究によって，それが海洋プレートそのものであり陸上へのし上がったものであることがわかってきた．オフィオライトは過去の沈み込み帯に分布し，プレートの沈み込みによって陸へもたらされる．この岩帯から海洋プレートの構造やその物理化学的な面が大いに研究されてきた．現在では大きく分けて高速拡大と低速拡大のプレートではその岩石に違いがあることがわかってきている．

4 海　　溝
—収束系—

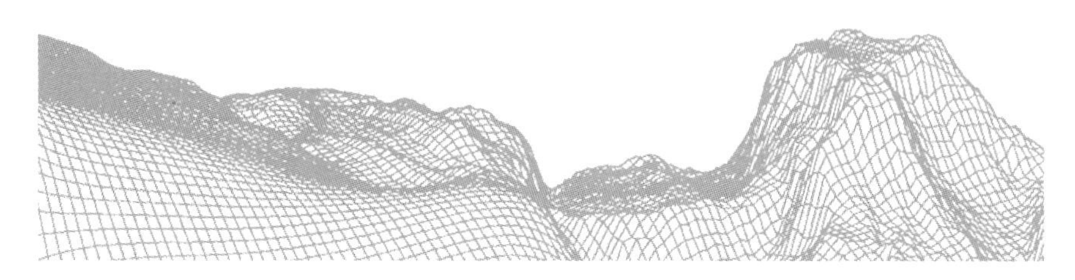

この章では年代の違うプレートの境界に起こっている現象を見てみよう．海溝に沈み込むプレートの年代の違いによってどんな違った地球科学現象が起こっているのかについて見ていきたいと思う（図 4-1，口絵 3 参照）．

4-1　東日本島弧-海溝系—古い太平洋プレートの沈み込むところ

4-1-1　日本列島周辺海底の年代の異なるプレート

第 1 章では海洋底拡大や地磁気の縞状異常について述べた．海洋底には地磁気の正逆による縞模様ができている．この地磁気の縞状異常は岩石の年代測定によって，その海洋底ができたときの年代に置き換えることができる．世界の海洋底の年代を見てみると以下の三つのことが重要である．

まず海洋底の年代は，海嶺の軸部が最も新しく，その両側へ対称的に古くなっていることである．2 番目は，海嶺がトランスフォーム断層によって切られていることである．そして 3 番目は，現在の海洋底にはジュラ紀（201.3 ~ 145.0 Ma）より古いものが存在しないことである．このことは「海洋底拡大説」や「プレートテクトニクス」によって明らかにされている．

北西太平洋に目を向けてみよう．日本列島の太平洋側には水深が 6,000 m を越える細長い溝状の地形である海溝が存在する．海溝はプレートの沈み込む境界，収束境界である．ここでは今から 1 億年以上も前のジュラ紀から白亜紀（145.0 ~ 66.0 Ma）に形成された地球上で最大の太平洋プレートが，日本列島の下へと沈み込んでいる．海溝付近のことを「沈み込み域」とか「沈み込み帯」

と呼んでいる．沈み込み境界は北西太平洋では北は千島海溝から，日本海溝を経て伊豆-小笠原海溝，マリアナ海溝に至る地域である．

ここで，西日本に注目すると，日本海溝から北西へ分岐した相模トラフ，そして伊豆半島を挟むように西側には駿河トラフ，南海トラフ，琉球海溝そしてフィリピン海溝があり，これらの海溝にはフィリピン海プレートが沈み込んでいる．フィリピン海プレートは太平洋プレートの年代の約半分以下の年齢，古第三紀～新第三紀（66.0 ～ 2.58 Ma）に形成されたと考えられている．このように年代の違うプレートが沈み込んでいるということによって，沈み込み帯を

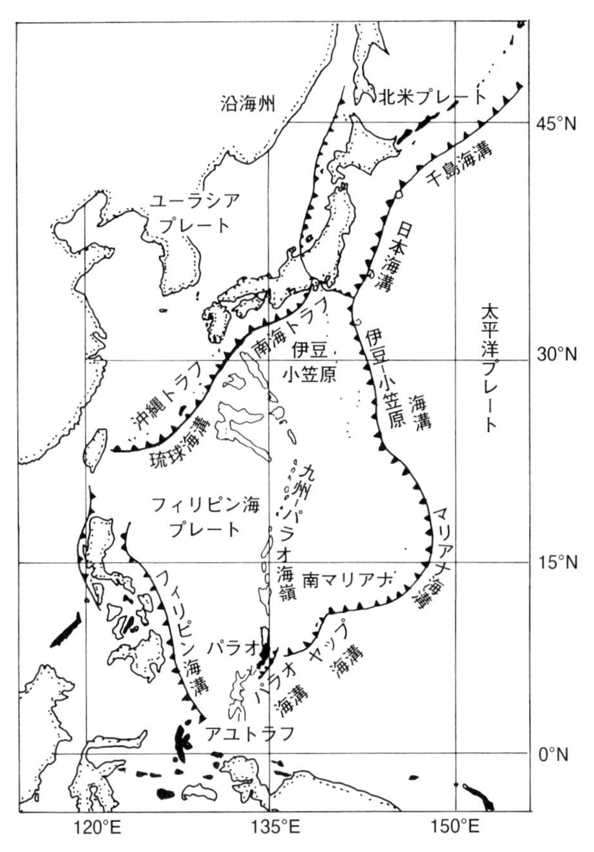

図 4-1　日本付近のプレートの配列
日本列島周辺に分布するプレート．寒冷前線の記号はとがったほうがプレートの沈み込む方向を示す．

東日本と西日本に2区分することも可能である．1950年代に杉村新は，日本列島を東日本島弧系と西日本島弧系に区分すると地球科学現象の違いが顕著に現れることを指摘している．この区分は海洋からの区分ではなく陸からのアプローチであり，沈み込むプレートの年代に着目したのではない．

1億年以上の長旅を終えた太平洋プレートはやがて地球の内部へと潜っていく．太平洋プレートが沈み込む沈み込み帯は，北からアリューシャン海溝，千島海溝，日本海溝，伊豆–小笠原海溝，マリアナ海溝，南半球のフィジー海溝，トンガ海溝，ケルマデック海溝である．いずれも海溝軸は太平洋プレートの拡大軸から遠く離れており，その年代は古い．ヤップ海溝やパラオ海溝にはカロリンプレートが沈み込んでいる．まず4-1節では日本海溝，伊豆–小笠原海溝そしてマリアナ海溝に起こっている変動現象について見ていく．

4-1-2 日本海溝

(1) 東北日本三陸沖の日本海溝の潜航

1992年，私は三陸地方の岩手県宮古の沖，6,200 m の海底を観察した．ここではその前の年，1991年に海底に亀裂が発見されていた．精密な位置測定の手法を使わずに潜水調査船が海底の同じ場所へ潜るのは「しんかい6500」が研究に使われだしてから初めてのことであった．果たして同じところへたどり着けるかどうかは一つの賭けであった．しかし，周辺の地形や水深がよく頭に入っているので私たちは難なく亀裂を確認することができた．亀裂を確認した後は，そこを北上して亀裂がなくなるところまでそれを追跡し，今度また来るときのためにマーカーを設置した．その後は逆に南へと向かった．亀裂の中に「ある物」を探すためであった．

1991年7月13日，堀田宏（元・海洋科学技術センター理事）は1933年の昭和三陸津波地震の起こったと考えられる地点に「しんかい6500」で潜航した．6,000 m 級の潜水調査船を作る話が出たときに，あと500 m 深く潜ることができれば巨大地震の痕跡を直接目視観察できるということで「しんかい6500」になったというが，この潜航の目的はまさにそこにあった．堀田は果たして潜水調査船の観察窓から，前方にぱっくりと口を開いた海底の裂け目を発見したのであった．小川勇二郎（元・筑波大学）はその同じ裂け目の中にとんでもないものが転がっているのを発見した．最初に奇声を上げたパイロットたちは人間の生首だと思ったという．小川は地質学者らしく周辺の地層をこと細かに観察していて，パイロットたちより一呼吸遅れて驚いている．よく見るとそれはどうやらマネキンの首であることがわかった．しかし，こんなマネキンの首が，6,000 m の深海底の 1 年間の環境変化の様子を知る手掛かりを与えてくれることになるとは思いもよらなかった．深海底は実際には私たちの想像を越えて相当に活動的だったのである．そしてさらに 4 年後には……．

発見の翌年の 1992 年の潜航では，マネキンは泥をかぶっており，その頭にはウミエラが付着し生息していた．堆積物は前年より 2 〜 3 cm ほどかさを上げており，マネキンの口もと近くまで埋まっていた．周辺にたまっていたビニール袋や焼きそばの箱は堆積物に埋まって，あるいは強い流れに吹き飛ばされて，そこにはなく，海底はきれいになっていた．6,000 m 以上もある深海底にも強い流れがあって，堆積物が運ばれているということが明らかになったのである．

1995 年にマネキンを訪れる三度目のチャンスがあった．場所は容易に特定できたが，そこには全く何もなかった．おそらく堆積物に埋もれてしまったのだろうと思われる．1 年間で 2 〜 3 cm もの堆積物が押し寄せるということは，1992 年から 3 年目になるので，最大 9 cm もの堆積物が来たとすれば何もかも埋まってしまうだろう．海溝へ，しかもその海側斜面にまで大量の堆積物の供給があることに驚いた潜航であった．

(2)「海の壁」三陸の大津波の痕跡

作家の吉村昭は三陸地方を襲った大津波を題材にした小説『海の壁』を発表している．明治 29 年（1896 年）6 月 15 日の旧暦の端午の節句のお祝いに人々が酔いしれているところにマグニチュード 8.2 〜 8.5 の巨大地震が発生し，その 35 分後に突然大音響とともに最初の大津波が押し寄せてきた．各地の震度は小さく，地震による被害はほとんどなかったのだが，大津波のため 2 万人以上の人が犠牲になった．この津波は地震の震動によるというよりも海底地滑りによるもので，スローアースクウェイク（slow earthquake）ともいわれている．

三陸地方にはその 37 年後の昭和 8 年（1933 年）に，またもや巨大地震による大津波が押し寄せて，3,000 人もの人が犠牲になっている．綾里村出身の山下文男によって書かれた『哀歌三陸大津波』もこれらの事件を扱ったものである．

何とも痛ましく地球科学を研究している人間として無力さを感じる．海底にある地震の震央は「しんかい 6500」が訪ねた場所の地下にあたる．

三陸地方には出入りの多いリアス式海岸がよく発達しており，海岸線は複雑に入り組んでいて漁港としては良いが，津波に対しては大変にもろい一面を持っている．津波が湾の入口から入り込むとそれが増幅されてとんでもない高さにまで発達することがあるためである．特に水深が浅く，入口が狭い湾に，波が平行に押し寄せてきた場合がそうである．このことは実験的にも確かめられている．二つの地震は三陸沖の 100 ～ 150 km 沖合で海底面が急激に変化したために起こった現象で，当然海底にもその痕跡が残っているはずである．このことは海底の詳細な地形図を作成して明らかになった．

この地域は東京大学海洋研究所の「白鳳丸」によって調査された．海底地形図をよく見ると，海溝軸はこの地域では，ほぼ南北に直線的に走っていることがわかる．水深は 7,400 m 程で現在のいかなる有人の潜水調査船をもってしてもその底に到達することはできない．のちに無人探査機「かいこう」が潜って世界最深の化学合成生物群集を発見している．「かいこう」は南海トラフで引き上げの最中に海況が悪化して現在行方不明のままである．

図 4-2　日本海溝の地形
襟裳海山から海溝三重点まで．
（日本水路協会発行「海のアトラス」より）

海底地形図を見ながら海溝軸から太平洋プレートが進んできた道を逆に東に行くと，水深は少しずつ浅くなるが海溝軸に平行な凹地や高まりからなる顕著な地形が見られる．これを地塁・地溝地形と呼んでいる．地塁・地溝（horst and graben）とは，凹みと高まりが交互に出てくるような地形をいう．実は伊豆-小笠原，マリアナそして琉球の海溝の海

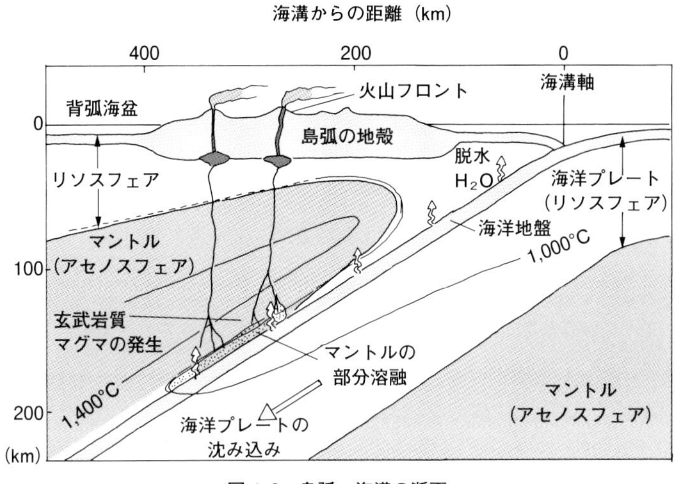

図 4-3 島弧・海溝の断面
島弧–海溝系の一般的な断面.

側の斜面にも同じような地塁・地溝地形のあることがわかっている(図 4-2, 4-3).

一方,陸側の斜面を見ると南北方向に直線状の急崖がいくつも走っていて,これが断層であろうとは素人にも想像できる.中には長さ 100 km,落差が 1.5 km にもわたる大きなものがあり,「三陸海底崖」と呼ばれている.海溝の陸側斜面には,大きな馬蹄形の地形が至るところに見られ,海底地滑りの跡だと考えられる.このような馬蹄形の地形は,海側に口を開いた形になっている.陸上で地滑りが起こった後は,下流方向に口を開いた馬蹄形の地形が形成されることはさまざまな場所で報告されている.海底でも同じである.

明治 29 年(1896 年)の地震は海溝の陸側斜面の直下で起こっている.この震央の近くには,海底地形図で認められる規模のたくさんの馬蹄形の地形が見られる.

一方,1933 年の地震は海溝の海側斜面で起こっている.これは沈み込む太平洋プレートそのものが変形,破壊したために起こったと考えられている.余震の分布域を見ると海溝軸の外側に南北に延びた形をしている.

1933 年の地震から 78 年経ってそろそろ津波の恐ろしさを忘れてきた 2011 年

3 月 11 日 14 時 46 分には，牡鹿半島沖 130 km の海底で東北地方太平洋沖地震が発生した．この地震による災害を東日本大震災と呼んでおり，筆者も新杉田の研究所で帰宅難民になってしまった．マグニチュードは 9.0 で，北西-南東方向の逆断層型の地震であり，日本で最大の地震になった．この地震では大きな津波が押し寄せ 2 万人近くもの方が亡くなり，いまだに行方不明の人がいる．震源は日本海溝の陸側斜面で海底では地面が 50 m 以上ずれ高さも 24 m 以上変化した．津波によって運ばれた瓦礫（debris）は，海流によって運ばれ遠く北米やカナダの岸へと流れ着いている．サッカーボールやバイクが発見されて日本へ送り返されている．

板沈む国日本で海溝に潜水調査船で潜航する目的は，過去に発生した巨大地震の跡を詳しくマッピングして，地震によって引き起こされた地殻変動がどこまで及んでいるかを知ることである．また岩石や堆積物が変形しているときは，それらの観察とサンプリングによって，そこにどのように力がかかったのか，すなわち応力場を知ることである．1 回の潜航では狭い範囲しか調査ができないので，海面からの間接的な観測や多数の有人・無人の潜航の結果をあわせて，広域的に考えることが必要になる．このような研究は，多くの場合 1 人で行うことが難しく共同研究，場合によっては外国の研究者との共同研究が行われる．

(3)　地震はどこでなぜ起こる

日本列島には地震が多く，そのため日本の地震の研究は明治時代から始まりそのレベルは世界的にも高い．海溝域で起こる地震はその震源が深いことが特徴である．300 km より深い地震を「深発地震」（deep earthquake）と呼んでいるが，深発地震が陸側に傾いた面に沿って起こっていることを明らかにしたのは，中央気象台に勤めていた和達清夫で，1927 年のことであった．同じようなことがロシアのベニオフによって 1930 年に発表されたため，日本の研究者は彼らの名前にちなんでこの面を「和達-ベニオフ帯」（Wadati-Benioff Zone）と呼んでいる．その後，日本海溝では沈み込むスラブ（プレートは地球の内部に沈み込むと「スラブ」（slab）と呼ばれるが，スラブとは板という意味）に発生する地震面が二重構造になっていること，すなわち二重深発地震面があることが東北大学の長谷川昭たちによって発見された．

地震学者は地震が発生する場所のことを地震発生帯と呼んでいる．地震はある地域の近くやマントルを構成する岩石に応力が加わったとき，周辺の岩石の強度を上回って応力が働き岩石が破壊したときに発生する．巨大地震ほど破壊される面積が大きい．人間でたとえると，ストレスを小出しにしている人はあまり大きな爆発をしないが，ストレスを発散せずずっと我慢してためている人が酒でも飲んで今までのうっぷんをはらすと大変な騒ぎになることがある．地震の規模や起こり方とよく似ている．

海溝域に地震が多く発生する原因は，ここで二つのプレートがせめぎ合うからである．多くの場合性質の違うプレートが出会うと，重たいプレートが軽いプレートの下へと沈み込む．海洋プレートは主に玄武岩でできているが陸のプレートは主に花崗岩でできている．そのため密度の大きい玄武岩でできた海洋プレートが軽い花崗岩でできた陸のプレートの下へと潜り込む．このとき沈み込むプレートとその上盤のプレートとの間には何がしかのせめぎ合いが起こる．このせめぎ合いにはいろいろなタイプがあるが，いずれにしても上盤の変形が破壊に変わったときに地震が発生する．またスラブ自身にも歪みがたまり，ついに破壊が起こる．剛体的に振る舞っていた板が無理やり地球の内部に潜り込むのだから，変形が起こるわけである．変形や破壊の結果は断層として現れる．断層には一方が落ち込む正断層，一方が他方に乗り上げる逆断層，互いにずれる横ずれ断層とあって，現実にはこれらが複雑に組み合わさったものが見られる．海側の斜面に起こる地震は正断層型，陸側の斜面に起こるのは逆断層型でその性質は異なるが，大雑把にいうと地震の起こる原因は以上のようである．1896年と2011年は逆断層型地震で，1933年は正断層型地震であった．

日本海溝の研究は古くから行われてきた．日本で最初に海溝の地形や重力の異常等が明らかになったところで，海溝の典型とされてきた．ところが研究が進むにつれて海溝にはいろいろなタイプのあることもわかってきた．日本海溝の特徴は海溝域で侵食が起こっているタイプの沈み込み帯であり，海溝の深いところで陸側の部分がはぎとられて地球の内部へと持っていかれているのである．このような現象を「テクトニック侵食」（tectonic erosion）と呼んでいる．テクトニック侵食を起こしているのは，沈み込むプレートの上にできている地塁・地溝構造があたかも歯車の歯のような役割をして，陸側の地層を削り取っていくためであると，トーマス・ヒルデ（Thomas Hilde）やボン・ヒューン

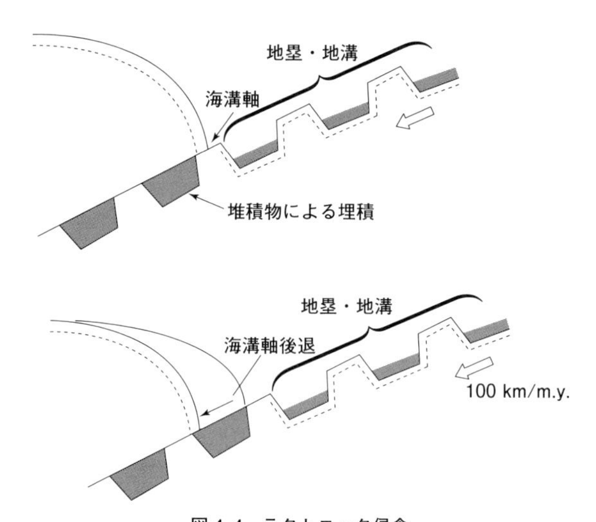

図 4-4　テクトニック侵食
トーマス・ヒルデによって提唱されたテクトニック侵食のメカニズム.（Hilde, 1983 に加筆）

（Roland von Huene）は考えている（図 4-4）.

(4)　親潮古陸

1977 年には米国の深海掘削船「グローマー・チャレンジャー号」（D/V Glomar Challenger, 図 4-5）によって日本海溝の横断掘削が行われた．これは DSDP（Deep Sea Drilling Project）の Leg 56 と Leg 57 で，日本海溝の海側斜面から陸側斜面にかけて一連の深海掘削を行い，海溝域の性質を明らかにしようというものであった．筆者はこの航海の Leg 57 に参加する機会を得た．日本海溝の深海掘削で次のようなことが明らかになった．まず，海底の泥や砂は，雪が氷になるのと同様に上からどんどんたまる堆積物による圧密によって固くなる（石になる）ことである．海底にたまった砂や泥には，もともと 60%ほどの水が含まれている．上にさらに砂や泥がたまると圧密によって水が追い出され水分は少なくなる．そのとき放出される水が，たくさんの細い脈を作っていくことが堆積物の研究から明らかになった．またその脈が出てくる深さは海溝の軸に近づくほど浅いことがわかった．このことは海溝の軸付近には単なる圧密だけではなくて他の力，例えば側圧が加わっていることを示していると思わ

図 4-5　掘削船グローマー・チャレンジャー号
DSDP の 96 回にわたる Leg を担ったグローマー・チャレンジャー号．函館にて．

れる．

さらに掘り進めていくと堆積物はついに固い岩石になる．掘削点 439 ではやがて 1,500 万年前の，砂と泥が交互に重なった地層（砂泥互層）が出てきた．これは海底の地滑りなどによって発生した乱泥流による堆積物だが，さらに深くに掘り進むと現在の海浜に出てくるような粗い砂が出現した．化石の試料はここまでは連続的に出てきたが，この砂の下からは火山岩の礫が出てきた．礫は玄武岩や流紋岩など，火山活動の結果できたものであった．さらにこの礫層からは海棲の生物化石が全く見られず，火山岩が陸上で噴火してできたことが明らかにされた．火山岩の中に含まれる磁鉄鉱が空気中で酸化したことを示す，高温酸化という現象を示していたのである．また火山岩の年代が ^{39}Ar–^{40}Ar 法によって正確に決定された．このことからこれらの火山岩礫をもたらした火山活動が，今から 2,300 万年前に起こり，近くには陸があったことが示唆された．この海溝の近くの場所にかつて存在した陸は，付近を流れる親潮にちなんで「親潮古陸」と名付けられた．日本海溝の陸側斜面は今から 2,300 万年前には陸であって，その後徐々に深くなり，1,500 万年前頃に最大の深さになり，約 300 万年前から少し浅くなり今の深さに戻ったことが底生有孔虫の化石の研究から明らかになった．深海を掘削すると過去の地層が次々に出現する．深海掘削孔はいわば「タイムトンネル」である．

(5) 日本海溝での IODP による掘削

DSDP/IPOD/ODP は，統合国際深海掘削計画，IODP（International Ocean Discovery Program）に移行した．2012 年に日本海溝では新たに導入された JAMSTEC（海洋研究開発機構）の地球深部探査船「ちきゅう」による IODP Leg 337 航海で，下北沖の水深 1,180 m の地点で，海底下 2,466 m まで掘削が行われた．ここではまず，深海掘削の世界記録が達成され，地下生物圏に関する新たな道が開かれたことが大きな成果であった．今まで DSDP/IPOD/ODP で 7 Leg にわたって掘削が行われた，ガラパゴス沖の掘削点 504 B での 2,011 m が深海掘削の最長記録であった．学術掘削としてはギネスものである．日本海溝の陸側斜面の約 20 Ma の地層からメタンを生成するバクテリアが発見された．これは陸上の北海道石狩平野などに出てくる中新世の石炭層の上部に来る堆積物と同じ地層である．

4-1-3 伊豆-小笠原島弧-海溝系

今度は伊豆-小笠原海溝を見てみよう（図 4-6，4-7）．伊豆-小笠原海溝は，北は房総半島の南端の南東沖 200 km のところに源を持つ．海上保安庁水路部の海底地形図では第一鹿島海山が日本海溝と伊豆-小笠原海溝を分けているが，この分け方は不便である．ここには水深約 9,200 m の坂東深海盆と名付けられた広大な海盆が広がっている．ここは日本海溝，相模トラフ，伊豆-小笠原海溝の三つの海溝が交わる海溝三重点になっている．ここでは太平洋プレート，フィリピン海プレートそして北米プレートが接する複雑な地形とテクトニクスが形成されてい

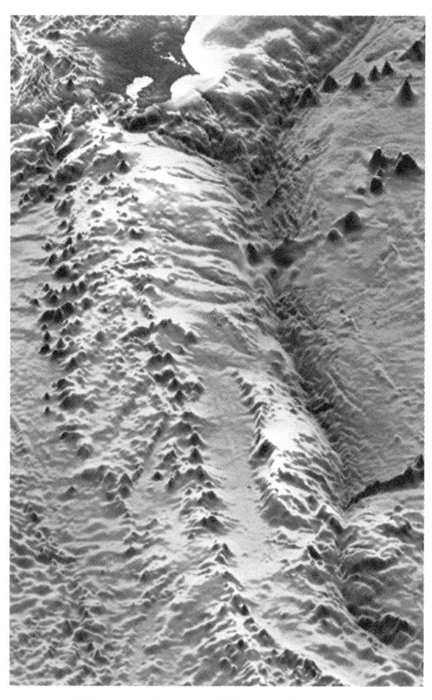

図 4-6 伊豆・小笠原の海底地形
日本水路協会（同前）より．

る．伊豆–小笠原海溝はここから南へほぼ南北に延びている．その全体の長さはおよそ 900 km あり，東京から広島くらいの長さになる．伊豆–小笠原弧（簡単に伊豆弧ともいう）の島弧全体の南の端は，小笠原海台と呼ばれる巨大な白亜紀（145 ～ 66 Ma）の海台の衝突によって海溝が浅くなっている．北の端は，諏訪湖の東にある八ヶ岳に始まる．八ヶ岳から数えると伊豆弧は全長約 1,200 km になる．それ以北は北部フォッサマグナになる．伊豆弧は伊豆半島の先で本州弧と衝突しているために複雑になっている．

このような長い島弧は全体が単一の性質を持つのではなく，いくつかに分けるのが適当である．日本海溝と平行に並ぶ東北日本弧の場合は，仙台付近を通る北西–南東方向の構造線（石巻–鳥海山構造線と海底まで含めた東北日本構造線）によって明瞭に北部と南部とに区分される．伊豆–小笠原島弧–海溝系について，湯浅・村上（1985）は伊豆弧を二分しているが，北部，中部，南部の三つに区分するのがよいと考えられる．この区分は，島弧を胴切りにする断層，北の青ヶ島構造線と南の孀婦岩（そうふがん）構造線による．

伊豆弧の北部は八ヶ岳や伊豆半島を含み，青ヶ島までが含まれる．1,000 m の等深線で囲まれる部分を見ると，このことがよくわかる．これより北は水深が浅く，地殻は厚い．中部は青ヶ島の南から孀婦岩までを含む．前弧に蛇行した大きな海底谷を持つのと海底谷の谷頭に大きなカルデラがあることが特徴である．また後に述べるように蛇紋岩の海山が中部には存在する．これは孀婦岩を通る孀婦岩構造線によって区分される．南部はマリアナ海溝までの部分である．水深は大きく前弧には小笠原諸島が存在する．火山フロントは孀婦岩構造線で少しずれる．

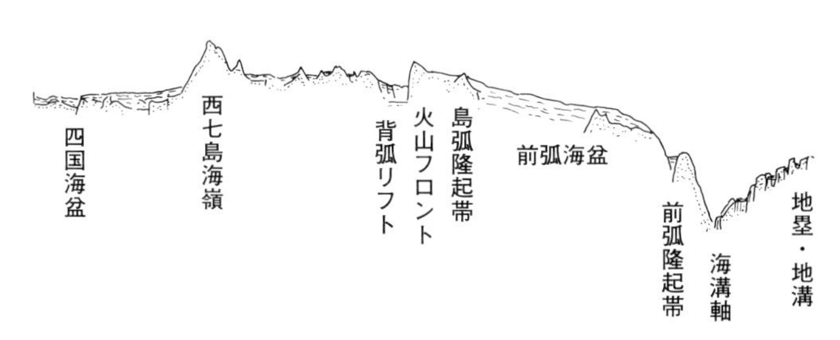

図 4-7　伊豆–小笠原弧の地形断面

Carr *et al.* (1974) によると，世界中の島弧–海溝系は長さ 400 km くらいがひとまとまりであって，同一の性質を持つようである．これは海嶺の一つのセグメントの長さが，最大 550 km くらいであることと関係があるかもしれない．以下に伊豆–小笠原島弧–海溝系をとりあげ，海側から前弧，島弧，背弧の順に海底の性質を見ていく．

(1)　伊豆–小笠原海溝の海側の地塁・地溝

海溝の海側斜面は今から 130 〜 160 Ma 程に形成されたプレートそのものでその上には 500 m 程の厚さの堆積物が積もっている．海溝の海側の斜面には三陸沖の日本海溝でも伊豆–小笠原海溝でも顕著な地塁・地溝地形が見られる．伊豆・小笠原の地塁・地溝地形は三陸沖に比べて規模が大きい．すなわち比高は 500 m 程あり何段も認められる．伊豆・小笠原では沈み込むスラブの傾きが東北日本に比べて急である．そのためにプレートの曲がりがより大きく，より深い地溝ができるのかもしれない．スラブの傾きが急であることはマリアナ海溝でも同様で巨大地震があまり起こっていない．

(2)　海溝底

海溝の軸部はあまりよくわかっていないが堆積物が埋積しているため平坦である．深海扇状地を形成しているところもある．海溝軸の中には周辺より少し深く，細長く延びた凹地が雁行状に走っている．このようなものを海淵(かいえん)と呼ぶこともある．海淵は海溝の軸がテクトニックに曲げられているところでは顕著な雁行構造と横ずれを示している．マリアナ海溝のチャレンジャー海淵では雁行構造が顕著に見られる．

(3)　前弧海域

火山フロントの東方 10 〜 50 km の前弧域には，基盤岩からなる島や高まりが断続的にある．八丈島北東方の新黒瀬を中心とする堆群（バンク）から，須美寿島東方，鳥島南東方，孀婦岩の南南東方の高まりは，全体として新黒瀬海嶺と呼ばれる．南部には伊豆–小笠原弧で最も年代の古い，高マグネシウム安山岩を産する父島列島（小笠原海嶺）がある．また，中部には蛇紋岩からなる海山（前弧海山群）が南北に並んでいる．これらは，音波調査や地質調査によって，不連続な 40 〜 50 Ma の地層からなる前弧海嶺であることがわかっている．ここでは重力の正の異常が世界で二番目に大きいのが特徴であり，重たいマントルが浅いところにまで出てきていると考えられている．

(4)　小笠原海嶺

小笠原海嶺は，聟島列島，父島列島，母島列島からなる高まりである．独立した海嶺で，全体として南北に延びた一つの地塊をなしている．小笠原海嶺の北端部は，北緯30度付近で谷によって切られ，北へは続かない．また，南側は北硫黄島東方で途切れるが，これより南方でも高まりが断続的に分布している．

小笠原海嶺上の島々は，父島の無人岩（p.83参照）や母島の大型有孔虫の貨幣石によって代表される，約40 Ma頃の火山岩類および海成堆積岩類からなる．父島には無人岩，安山岩，デイサイトなどの溶岩，角礫岩，岩脈が露出し，約30～20 Maの石灰岩を伴う．母島は，主に玄武岩，安山岩，デイサイトからなり，その中に化石を含む凝灰質砂岩，石灰岩等の堆積岩類が挟まれている．母島の火山岩類は，無人岩がないこと，海成層を挟在するのに枕状溶岩が産出しないことが特徴である．堆積岩中に産する有孔虫化石から，その地層は40 Maに相当し，安山岩の放射年代も40 Maという報告がある．

聟島列島は，父島の北方40～70 kmに散在する無人島群で，無人岩質の枕状溶岩，角礫岩からできている．媒島は安山岩の枕状溶岩とデイサイト質および安山岩質の火山角礫岩からなる．火山角礫岩中の安山岩礫の放射年代は約27 Ma，デイサイト礫は約43 Maである．嫁島は安山岩質および玄武岩質の火山角礫岩からなる．

(5)　蛇紋岩海山

海山は多くが玄武岩でできているが，大部分が蛇紋岩からできている海山を蛇紋岩海山という．蛇紋岩海山は伊豆弧やマリアナ弧の前弧の斜面に特徴的に産出し，前弧海山群と呼んでいる．伊豆弧の前弧では前弧海山群は南北に並んだ海山で，近くの島の名前，あるいは島と島の中間にある海山は二つの島の漢字をとって，北から順に青ヶ島海山，明青海山，明神海山，須明海山，須美寿海山，鳥須海山，鳥島海山と名付けられた．鳥島海山，鳥須海山，須美寿海山では蛇紋岩のフロー（土石流堆積物）が確認されている．蛇紋岩は上部マントルを構成するかんらん岩が変質した岩石で，周辺の岩石より軽く水を多く含んでいるので流れて蛇紋岩フローを作る．また，前弧海山群の内側には平坦なテラス状の海盆，前弧斜面から海溝底にかけては斜面の崩壊，海側斜面には地塁・地溝が存在する.

鳥島海山は，水深 4,700 m 付近の海底面から比高 700 m の楕円錐の山体をしている．海山の最浅部は 3,980 m で，頂上には長さ 1 km ほどの三つの小さな嶺が存在する．北側に位置する二つの嶺の頂部からは北東方向へ延びる顕著な尾根が 2 本見られる．北側の尾根は約 10 km 連なり，尾根の南西端は巨大な崩壊地形となっている．南西斜面には，水深 4,400 ～ 4,600 m にかけて，崩壊地形と思われる幅約 1.5 km の小さな高まりが山体を取り巻くように分布している．また，断層に起因する急崖が北西–南東方向に見られる.

(6) 海底谷

伊豆–小笠原弧の前弧域に広がる斜面には全長 100 km を超える巨大な海底谷が多数発達している．これは日本海溝の前弧に海底谷がほとんどないのとは対照的である．伊豆–小笠原弧には北から新島，御蔵，南御蔵，北八丈，八丈，南八丈，青ヶ島，明神，須美寿，鳥島，孀婦，父島，北父島などの海底谷がある．これらの海底谷はいずれも伊豆–小笠原弧の火山フロント付近に谷頭を持ち，比高およそ 8,000 m を海溝へと下っている．主な海底谷は蛇行した流路と羽毛状の流路網を持っており，これらは削剥や侵食による堆積物の流失（マスウェイスティング）によって形成されたとされている．しかし，伊豆–小笠原前弧域の海底谷には，マスウェイスティングだけでは説明できない形態を持つ海底谷が多数存在する.

これらの海底谷は，その形態から二つに区分され，代表的な成因の名をとって火山性タイプと構造性タイプと呼ばれた.

構造性タイプの海底谷は新島，御蔵，南御蔵，北八丈，八丈，南八丈海底谷などで，必従谷（等深線に直交する谷）をなし，伊豆–小笠原海溝に向かって下っていく．谷は浅く，壁斜面は 100 ～ 200 m 程度で，流路は直線的で流域が狭いのが特徴である．直線性の谷が作られるのは断層によるものと考えられる.

火山性タイプは青ヶ島，明神，須美寿島海底谷などからなり，いずれも青ヶ島，明神礁，須美寿海丘といった巨大なカルデラあるいは火山島付近に谷頭を持っている．これらは緩やかな斜面上を深く刻み，また著しく蛇行している海底谷で，広い流域を持っている．これは谷頭にある火山性堆積物が作る土石流などによってできたと考えられる.

(7)　等間隔に並ぶ前弧の海山と火山フロント

伊豆-小笠原弧の火山フロントは八ヶ岳から始まる．箱根，伊豆大島，三宅島，御蔵島，八丈島，青ヶ島，明神礁，須美寿島，鳥島と南へ直線的に続く．孀婦岩から南へは，少し東へずれて水曜海山，金曜海山，西之島，海形海山，海徳海山とマリアナの火山へとつながる．

火山フロント沿いの地形投影断面を見ると，それは東西方向から七島-硫黄島海嶺を眺めたときのいわば「スカイライン」ともいえる．各火山の高さは，全体として北部の伊豆半島から南に向かって順次低くなっていく．七島-硫黄島海嶺上の最低点は北緯 29 度付近で，水深は 3,400 m を超えている．それより南では，逆に南に向かって基盤高度が増していく．この基盤高度変換点で七島-硫黄島海嶺と交差するのが西之島トラフである．ここを境に南北の地形にはいくつかの違いが見られる．

これらの火山フロントの火山の間隔は等間隔ではないがきわめて規則正しく並んでいるように見える．ちなみに順番に長さを測ってみると 75 km の間隔であることが多い．一つの火山が一つのマグマだまりからできているとするとこの並び方はある深さでのマグマだまりの形成を示しているといえるかもしれない．

(8)　3 万年ごとの海底の巨大な噴火

東京の南に連なる伊豆-小笠原弧のほとんどが海底火山からなり，海面上に顔を出している島が少ないため，私たちは火山活動の記録についてあまり多くのことを知らない．大島では 1986 年に三原山が噴火し全島民が避難したことは記憶に新しい．鳥島では明治 35 年に大噴火が起こり，島民 125 名全員が死亡し今では無人島になっている．1952 年に起こった明神礁の噴火では海底の噴火について多くの知見が得られたが，火砕サージによって地質学者の田山利三郎を含む 31 名が殉職した．また 1989 年には伊豆半島伊東沖の手石海丘で海底噴火が起こっており，今なお人々の記憶に生々しい．そして 2013 年から西之島が噴火を始め，現在古い島の 10 倍以上の大きさになり，中央に東伊豆の大室山のような溶岩円頂丘が形成されて，噴火も中心噴火から側噴火にかわってきている．2015 年 2 月 24 日に海上保安庁が発表した情報によると，島の面積は，東京ドーム 52 個分，2.46 km^2 という大きさまで拡大した．

伊豆-小笠原弧の深海掘削で最も驚いたことは，火山フロント付近での掘削孔で，数百 m もの厚さに達する軽石の層が5枚も出てきたことである．須美寿島の西側にはスミスリフトと呼ばれる平均水深 2,200 m の凹地地形が認められる．その中で2点，790 と 791 が掘削された．表層から軽石を伴う土石流堆積物が次々と確認された．土石流堆積物は，陸上では地滑りによる堆積物であるが，海中では大小さまざまな礫や砂が海底斜面を一気になだれ下ってたまる堆積物であり，地震，津波，火山噴火などが引き金になって起こることが多い．軽石を含む堆積物は，十和田火山など大きなカルデラを作る巨大噴火を伴うことで知られている．したがって，これは海底噴火の化石である．土石流堆積物中に含まれる微化石の年代から，これらの巨大噴火の年代を求めると，その一つ一つが約3万年の間隔をおいて起こったことがわかった．スミスリフトの中の軽石はいったいどこからやってきたのか．その厚さや周辺の地形や地質からすると，すぐ東にあるスミスカルデラか，須美寿島の南に位置する第三須美寿海丘である可能性が高いが，鳥島近くの海底カルデラが想定されている．スミスリフトで掘削した軽石層は，今まで知られているどの噴火よりも規模も大きく壊滅的であった．このような最近3回の巨大噴火がほぼ3万年の間隔で起こっていたということは，これからの伊豆弧の火山活動を知る上できわめて重要な発見の一つであった（図 4-8）．

(9) 背弧海域，背弧凹地

火山フロントである七島-硫黄島海嶺の背弧側に，断続的にフロントと平行して配列する小海盆列があり，背弧凹地と呼ぶ．それらは，近くの島の名前をとって，北から御蔵，八丈，新八丈，青ヶ島，ベヨネーズ，新須美寿，北須美寿，南須美寿，北鳥島，南鳥島凹地と名付けられている．各凹地は東西幅 20 ～ 60 km で，南北方向の連続性はない．各凹地の水深は，北から順に 1,000 ～ 1,500 m，2,000 ～ 2,200 m，2,300 ～ 2,900 m，3,400 ～ 3,800 m で，南に位置するものほど凹地底の水深が深くなっている．

背弧凹地内には火山性堆積物が堆積し，凹地底は比較的平坦である．また，各凹地には中心部に小海丘が存在している．八丈凹地，スミス凹地の小海丘から採取された玄武岩の地球化学的特徴から，これらが背弧海盆性玄武岩の性質を持つことがわかった．また，潜水船による調査の結果，多くの海山や海丘の

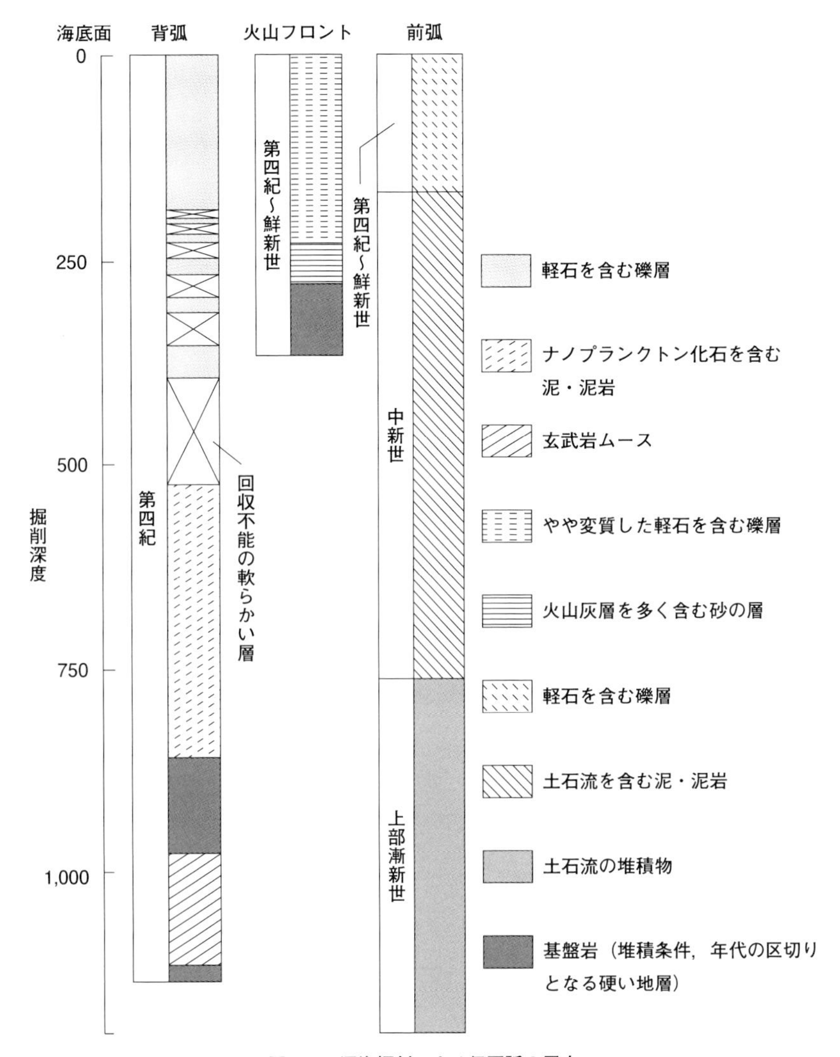

図 4-8　深海掘削による伊豆弧の層序

存在が明らかとなり，採集された多数の岩石の年代測定の結果，背弧凹地内の火山活動は 1,600 万～ 200 万年前の間に，いくつかのピークがあったことが明らかになった．

(10) 島弧が割れる

国際深海掘削計画 ODP Leg 126 の掘削点 790/791 はスミスリフトの中を掘削した．背弧凹地の基盤を知るためである．さらに掘り進むとよく発泡した玄武岩に出会った．そもそも玄武岩は海底では水圧のためにあまり発泡しない．このスミスリフトの深さは 2,270 m で約 230 気圧の水圧がある．このように水圧の高いところでは，たとえマグマ中に水が含まれていても発泡はしないのが普通である．ところがコアで得られた玄武岩は，きわめてよく発泡していてまるで西洋菓子の「ムース」によく似ているのでムースというあだ名で呼ばれた．黒いのでチョコレートムースといったところ．このよく発泡した玄武岩のマグマはもともと多くの水を含んでいたと判断された．

このムースは化学組成が島弧の火山とは異なることが船上の分析でわかった．島弧の火山でないとすればいったい何なのだろう．どうやら地下の深部からマグマが突っ込んできて海底に玄武岩をもたらしたようである．マントルの深部から新しいマグマが上昇してきて島弧を二つに引き裂こうとしているのである．伊豆・小笠原のリフトや背弧海盆の形成の最初のステージではこのようなことが起きていたらしい．

(11) 西七島海嶺（背弧雁行海山群）

伊豆-小笠原弧北部の背弧側には，北西-南東方向に並ぶ小海嶺群が南北に雁行状に配列している．新島，神津島，銭洲などの島々をのせている銭洲海嶺はこの一つで，雁行山脈群の中では最も北に位置している．その後，須美寿島西方の同系統の海山列については，北から寛永海山列，万治海山列，延宝海山列，元禄海山列と呼ばれるようになった．これらは島弧を北東-南西方向に切るように並んでいるためにクロスチェイン（cross chain）と呼ばれた．日本語ではこれらは総称して背弧雁行山脈群と呼ばれていた．ここで得られた火山岩は火山フロントから順に年代が古くなり，化学組成も規則正しく変化することがわかっている．

銭洲海嶺では，1985 年に日仏海溝計画による潜水調査が行われた．その結果，海嶺西部の南側斜面で，遠洋性～半遠洋性の堆積物が比較的新しい時代に圧縮を受けて変形し，海嶺の走向方向に平行する低角逆断層が発達していること，またそこに付加体が形成され始めていることがわかった．この逆断層が発達する範囲は，海嶺の深度急変線より西側に限られる．

銭洲海嶺上の島に産する岩石は三つのグループに分けられる．一つ目は新島，式根島，神津島などを形成している流紋岩類で，溶岩円頂丘の名残と考えられている．二つ目は，利島，鵜渡根島を構成する第四紀の玄武岩および安山岩である．三つ目は銭洲海嶺の基盤と考えられる岩石で，他の二つのグループに比べて変質の進んだ安山岩質火山砕屑性堆積岩，安山岩溶岩，およびデイサイト溶岩が露出している．変質した岩相から中新世の湯ヶ島層群（約 500 万年前）や中新世～鮮新世の白浜層群相当層（約 1,000 万年前）と見なされた．

(12)　背弧海盆

フィリピン海は背弧海盆であるが，その中には西フィリピン海盆，パレスベラ（沖ノ鳥島）海盆，四国海盆がある．このうち伊豆弧に直接影響を持つのは四国海盆である．四国海盆と伊豆–小笠原弧との境界は南北性の顕著な断層崖，紀南海底崖であり，急崖は厚いマンガンで覆われている．背弧海盆の詳細は第 5 章で述べる．

(13)　5,000 万年のタイムトンネルから見る伊豆–小笠原弧の発達史

前弧の掘削では最大 1,682 m のタイムトンネルが掘られた．ここでは軽石を含む噴出物や火山灰がたくさん出てきた．ここ 500 万年位の間，伊豆–小笠原弧の至るところで噴火活動が起こっていたこと，同時に大島にあるような黒っぽい玄武岩の噴火も起こっていたこと，しかし 5 ～ 15 Ma 位の間，伊豆–小笠原弧は火山活動のほとんどない静穏な島弧であったこともわかった．

今から 30 Ma には，今の火山の列の東側に今の伊豆・小笠原と同じ位の規模の島弧が形成されていた．この島弧は約 52 Ma の海底の火山活動に始まって膨大な量の火山噴出物を供給し，4,000 m の海底から一気に海面近くにまで成長してきた．この間の火山活動は最近 5 Ma の間に起こったものよりもはるかにすさまじい．この火山岩は，その化学組成や鉱物の成分が特徴的で「無人岩（むにんがん）」と呼ばれており，現在も小笠原諸島父島付近に残っている．この火山活動に伴って，やはり土石流堆積物が生じた．植物の破片や浅い海に棲んでいた貨幣石の化石がその中に含まれている．これらの堆積物を貫く砂の脈や昔海底に棲んでいた生物の活動の跡が保存されている．

最近，伊豆・小笠原に関する研究が進み特に小笠原諸島周辺の岩石の年代が

たくさん決められてきた．またハワイ-天皇海山列の屈曲の年代が一挙に古くなったために，今まで考えられてきたモデルが修正されつつある．ハワイ-天皇海山列の屈曲がおよそ52 Maになり，伊豆-小笠原弧の最古の火山岩の年代もほぼ同じ52 Maになった．そのためにそれまでは43 Maより古い火山岩を作るために太平洋プレート以外のプレートの沈み込み，例えば北ニューギニアプレートや嶺岡プレートといったプレートが沈み込み，古い岩石を作って，その後これらのプレートが消滅するモデルが出されていた．しかし，この年代測定の結果から太平洋プレートの運動の向きが変わったために52 Maから小笠原の火山活動が起こったと考えられるようになってきた．伊豆弧の歴史は新たな段階に差し掛かっている．

4-1-4　マリアナ島弧-海溝系

(1)　マリアナ島弧-海溝系の一般的な性質

伊豆・小笠原の南には小笠原海台を挟んでマリアナ海溝がつながる．このマリアナの島弧-海溝系を眺めてみよう．海溝の海側斜面には顕著な地塁・地溝構造が発達するほか，巨大な海山群が海溝へ差し掛かっている．海溝自身は小笠原海台によって伊豆-小笠原海溝と分けられるが水深はきわめて大きい．またマリアナ海溝は，太平洋のほうへ大きく弓なりに張り出しているのが特徴である．この張り出しに沿って前弧の巨大な海山の並び，火山フロントの島々，背弧側の西マリアナ海嶺という3列の高まりが並んでいる（図4-9）．

さらに後に出てくるグアム島の位置づけを考えると，フロントの外側に，もう1列，古い火山列（サイパン～グアム）がある．北のほうで見ると，福神海山や日吉海山といった活海底火山の列とほとんど接して，古い海底火山の列がある．三福海山，昭洋海山などがそれである．

前弧には海溝の軸のすぐそばに巨大な海山が並んでおり，火山フロントは海徳海山から北硫黄島，硫黄島，南硫黄島という具合に連続的につながるように見える．マリアナトラフを挟んで西には西マリアナ海嶺が並んでいる．マリアナトラフは水深4,000 mを超す背弧海盆である．東の端には火山フロントに斜めに交差するチェイン状の小さな海丘が並んでおり，その延長は西マリアナ海嶺に斜めに交差する小さな海丘列に連続する．

図 4-9　マリアナの地形
日本水路協会（同前）より.

海溝の軸部に近い地域から多くの巨大海山が発見された．その後「カナケオキ号」を東京の晴海埠頭に見学に行った．このときに生データを見せてもらったが見事な海山で，その頂上から曲がりくねった反射率の高い帯のようなものが放射状に分布していることがわかった．

ドレッジによってこれはすぐに火山岩ではなくて，蛇紋岩のフローであることがわかり，かんらん岩や蛇紋岩という上部マントルを構成している岩石が大量に得られた．ここでは上部マントルの物質が地表へと出やすい条件があるのだろうか．

(2)　マリアナ海溝の深海掘削

マリアナ海溝域の掘削は IPOD Leg 60 と ODP Leg 125 で行われた．前者は 1978 年で後者は 1989 年のことであった．Leg 60 ではその前の Leg 59 とも連動してマリアナの島弧から背弧までの横断掘削が行われマリアナ弧の形成の歴史が明らかにされた．Leg 60 では上田誠也とハワイ大学のドナルド・ハッソン

（Donald Hussong）が共同首席研究員であった．マリアナではまずパレスベラ海盆が今から30 Maから17 Maに拡大してその後マリアナトラフが約6 Maから拡大し始めたことが明らかにされた．

(3)　蛇紋岩の泥火山

蛇紋岩海山のパックマン海山とコニカル海山では米国のハワイ大学のグループによって潜航調査が行われた．コニカル海山では1987年に米国の潜水調査船「アルビン」が合計8回の潜航を行っている．

潜航調査によって，サイドスキャンソナーで見られた海山の頂上から八方へと広がる曲がりくねった筋は蛇紋岩のフローであり，これは泥火山（泥が火山の噴火と同じように地下から噴き出してできた火山のような形をした山でバルバドスやパキスタンに多く知られる）と同じであることがわかった．また蛇紋石フローの中にはかんらん岩が含まれること，蛇紋岩フローの上にはたくさんの炭酸塩チムニーが林立していることもわかった．これらの点は通常の泥火山とは異なる．パトリシア・フライアー（Patricia Fryer）たちはこの蛇紋岩フローが地下30 kmの上部マントルのかんらん岩が変質してダイアピル（浮力によって上昇してくる上昇体）として上昇しこのような海山を形成したと考えた（図4-10）．

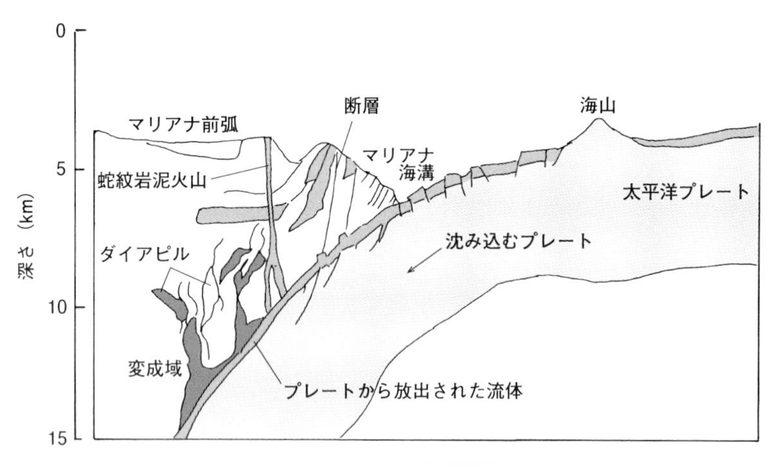

図4-10　マリアナの蛇紋岩海山
蛇紋岩海山の断面図．（Fryer, 1992を改変）

ODP Leg 125 では蛇紋岩の海山の掘削が行われ，掘れども掘れども蛇紋岩からなることがわかった．そしてこの蛇紋岩の中から低温で高圧の変成岩が見つかった．それはヒスイ輝石と石英が安定に共存する岩石で，このような岩石は地下 30 km 位の深さからもたらされたことがわかった．伊豆・小笠原の鳥島海山でも掘削が行われ，同様の蛇紋岩が得られている．

物理学者中谷宇吉郎は雪の研究で有名である．彼は寺田寅彦のまな弟子であり北海道の大雪山で雪の研究を行い，雪の結晶の形やその生成条件を明らかにした．現在の低温研究所のもとを作った．彼の有名な言葉に「雪は天から送られた手紙である」がある．

マリアナ海溝で発見された蛇紋岩はその言い方にならうと，「蛇紋岩は地下からの手紙である」ということになる．何故ならば蛇紋岩は地下深部の上部マントルを構成すると考えられているかんらん岩が変質し，地表へもたらされたものであるからである．そして，蛇紋岩の中には上部マントルの温度や圧力の条件下で安定であった鉱物の組み合わせが残っており，それが蛇紋岩の中に含まれているからである．我々はその手紙を読むことによって地下深部の情報を知ることができるのである．手紙の内容はかんらん岩の化学組成や低温で高圧のヒスイ輝石などである．実は，まださらにさまざまな贈り物が含まれている可能性があり今後の研究が待たれる．

(4) 隆起するグアム島

マリアナというとグアム島を思い浮かべる人が多いであろう．最近では日本人の観光客が大量に押し寄せている．グアム島は古い火山とサンゴ礁の島である．島の北端の恋人岬は急崖であるがその上は平旦な地形をしている．これはサンゴが海面に近いところにあったときに侵食されて平坦になったものである．しかし現在は，このサンゴは海抜約 120 m のところに分布している．このことはグアム島が徐々に隆起していることを示している．

通常火山島はダーウィンが示したように，火山活動が終息すると沈降する．しかしマリアナの前弧にあるグアム島は隆起している．これは何かの力がグアム島を持ち上げているからである．これは物質の密度の差による自然上昇（アイソスタティックな上昇）かテクトニックなものか，いずれにしても異常な現象である．実は同じようなことがほとんどどこの島弧でも起こっているのである．東北日本の北上山地や阿武隈山地，小笠原諸島，琉球の喜界島などである．その原因はいまだによくわかっていない．

4-2 西日本島弧-海溝系—若いプレートが沈み込むところ

4-2-1 フィリピン海プレートの生まれたところ

前節では年代の古いプレート，太平洋プレートの沈み込むところの地球科学的な現象を見てきた．今度は若いプレートの沈み込むところを少し眺めてみよう．西日本の南にはフィリピン海と呼ばれる海洋が広がっている．正しくは西太平洋であるが我々は「フィリピン海」というほうがわかりやすく言い慣れているので本書でもこの呼び方を用いる．フィリピン海プレートは古第三紀から拡大を開始し今から約 17 Ma に拡大を停止したと考えられている．フィリピン海プレートは大きく五つの部分に分かれる．まずその真中に九州-パラオ海嶺（古島弧）が走っていて西と東に分けている．西半分は北にある三角形の部分，奄美三角地帯（奄美三角海盆）で奄美海台，大東海嶺，沖大東海嶺などを含む一番古い部分と南の西フィリピン海盆に分かれる．東半分は北にある四国海盆，南にあるパレスベラ海盆およびその東にあるマリアナトラフに分かれる．これらができた順序は三角形，西フィリピン海盆，パレスベラ海盆，四国海盆そしてマリアナトラフである．太平洋プレートの年代は一番古いところでは約 160 Ma でありそれに比べるとフィリピン海プレートは半分以下の年代である．この年代の差は例えばプレートの厚さ，温度などに効いてくる．したがって，プレートが沈み込むときにこの差がどのように反映されるのか？　それを以下この節で考えてみたい．

4-2-2 フィリピン海プレートの沈み込むところ

フィリピン海プレートが沈み込むところは北から反時計回りに見ていくと順に以下のようになる．まず相模トラフから始めよう．これは日本海溝，伊豆-小笠原海溝と交わって海溝三重点を形成している．相模トラフは相模湾の中へ入り，そしてその延長は何と陸上に上がっていく．国府津-松田断層がそれに当たる．プレート境界は，ほぼ陸上の JR 御殿場線に沿って走っており西は駿河トラフへとつながる．駿河トラフはほぼ南北に伊豆半島の先端くらいまでつながりそこから南西に向きを変えて南海トラフへとつながる．南海トラフは四国の沖で九州-パラオ海嶺にぶつかるが，今度は琉球海溝へとつながっていく．琉球海溝の端は台湾である．ここでは島弧の衝突が起こっている．台湾で少し境界が不明瞭になるが境界はフィリピン海溝へとつながる．これは赤道を越えてハルマヘラのすぐ北までつながっている．フィリピン海プレートの沈み込むところは以上である．フィリピン海プレートの南端はちょっと複雑でプレートの境界に関してはさまざまな意見がある．プレートの境界はさらにアユトラフから北へとパラオ海溝，ヤップ海溝そしてマリアナ海溝，伊豆-小笠原海溝へと戻る．

このようにフィリピン海プレートの沈み込むところはアジア大陸の前面に張り出した日本列島の西半分に沿っている．したがって日本列島を全体として見たときに伊豆半島を境に西日本は主として若いフィリピン海プレートの影響を，東日本は主として古い太平洋プレートの影響を受けているという違いがある．関東地方は伊豆・小笠原の島弧が衝突しておりきわめて複雑である．

4-2-3　フィリピン海プレートの沈み込みによって起こる関東大地震

首都圏東京を襲った大きな地震は関東地震，安政の江戸地震，元禄地震などここ250年ほどの間に3回起こって，そのたびに首都圏が壊滅的な状態になっている．まず古いほうから見ていくと，元禄16年（1703年）11月23日房総沖を震源とする $M = 8.2$ の地震が起こった．その4年後の1707年には富士山の噴火が起こった．このときの記録が新井白石の著した『折たく柴の記』に詳しい．地震の震度は江戸では5〜6，三浦，房総半島で7，と推定されている．震央は房総半島の南の相模湾であると推定されている．小田原では被害がひどく，房総半島でも地面が最大4 m隆起している．また津波が犬吠埼から下田にかけての広い範囲にわたって襲っている．それから150年ほど経った安政2年（1855年）10月2日には安政の江戸地震が起こっている．ペリーが浦賀にやってきた幕末の動乱の時代である．この時期は日本列島に地震がきわめて多く，神戸大学の石橋克彦は最近の兵庫県南部地震の状況とよく似ていることを指摘している．江戸地震はいわゆる直下型地震で江戸の本所や深川などのいわゆる下町は壊滅状態であった．関東地震は，1923年9月1日の正午になろうとしているときに勃発した．安政以来68年後のことである．作家吉村昭の小説『関東大地震』はこのときのことを詳しく述べている．中でも被服廠で起こった竜巻などの惨事は，読んでいて気持ちが悪くなるほどリアルであった．またこの小説は日本の地震学の進歩を知るうえでもきわめて興味深い．この地震は近代的な地震観測が始まっているにもかかわらず，震源がいくつも求められている．津波も起こっているが，火災やその他の被害があまりにも大きいため他の被害のことがあまり話題に上がっていない．

これらの地震はすべて相模トラフでのフィリピン海プレートの沈み込みに関係がある．地震と火山活動に関しては，大島の噴火と相模トラフで起こる地震の関係が琉球大学の木村政昭によって，小田原地震の規則正しさと関東地震との関係が石橋克彦によって唱えられている．特に小田原地震の勃発の間隔は73年±1年のきれいな直線に乗る．今人々が最も懸念するのは後述する南海トラフに沿って起こるであろう地震である．特に御前崎沖の南海トラフは地震の空白域であり将来ここに地震が起こるのではないかといわれている．すでに東海地震という名前までつけられている．

首都圏で地震の観測を行い，地震の予知に貢献するような精度の高いデータを得ることがもはや難しくなっている．それは首都圏のあまりにも急速な成長のためである．高層ビル群，何層にも交差する地下鉄，高速道路網，あふれる車と人，地下深部まで含めて地震観測の妨げになるものばかりである．しかしできるだけ早く地震の観測網を整備しなければ，阪神淡路大震災や東日本大震災以上の大惨事になることは明らかである．

4-2-4 遺跡調査から明らかとなった南海地震の再来周期

第2次世界大戦も終盤の1944年12月7日に西日本で強い地震が起こった．マグニチュードはM = 7.9で東南海地震と呼ばれている．震源は紀伊半島の沖であった．その2年後今度は終戦直後の混乱期の1946年12月21日にM = 8の南海地震が起こった．震源は四国沖である．この二つの地震の震源はいずれも南海トラフである．その後の遺跡の調査などで南海トラフでは地震が数十年から100年の再来周期で起こっていることがわかった．地質調査所の寒川旭は関西の遺跡を調査して地震が起こったことを明らかにしている．例えば応神天皇の陵墓と考えられている誉田山(こんだやま)古墳の中には南北性の断層が走っており，陵墓が破壊されていることが明らかになった．南海地震と東海地震の発生の頻度は古い時代ほど記録が乏しく曖昧である．南海トラフは地震の起こり方から五つのブロックに分けられているが，当時これらの地域の地震発生の年代表はまだ埋まっていなかった．寒川はさまざまな遺跡の調査を行い噴砂現象や大なり小なり地震に関係した現象や，従来見つかっていなかった地震の傷跡を発見しこの年表を埋めていった．こうして南海トラフの地震の起こった，起こらない地域のチェカーボードが少しずつ埋まってきて，地震の全貌が明らかになりつつある．南海トラフでの地震は想像以上に規則正しく起こっている可能性がある．

四国の足摺岬や室戸岬には非常に顕著な海成段丘が何段も形成されている．海成段丘とは海面すれすれの地面が波に削られて平坦化した後に地震などによる地殻変動によって隆起して地表に現れたものである．地震が何回も起こると段丘はきわめて高いところにまで分布する．日本の太平洋岸には多くの海成の段丘が認められておりこれらはすべて沈み込むプレートと関係している．室戸岬では吉川虎雄らの研究により，今から 12.5 万年前の下末吉海進の折の平坦面が海抜 200 m のところにあり，南海地震が少なくとも今から 12.5 万年前から規則正しく繰り返してきたことがわかっている．段丘はいわば地震の化石である．また寒川の言葉を借りれば古墳もまた地震の化石である．

4-2-5　付加体研究のメッカ―南海トラフ

南海トラフは駿河トラフの延長である．北緯 34 度から南西へ西は豊後水道の南までつながる．そこでは九州-パラオ海嶺という巨大な海底山脈によって区切られる．南海トラフはちょうど静岡県の富士の沖から足摺岬の沖までを陸に斜めに走っている．これは水深が最大で 4,800 m であるため海溝とは呼ばれていない．しかし音波探査の記録を見ると堆積物が 2,000 m 以上もたまっており，これらの堆積物を取り去ると立派な海溝になる．南海トラフの軸部は厚い堆積物で埋積されてその表面は平坦で幅も広く，駿河トラフに近い東部では海底谷が蛇行している．銭洲の北ではフィリピン海プレートの沈み込みは南海トラフで

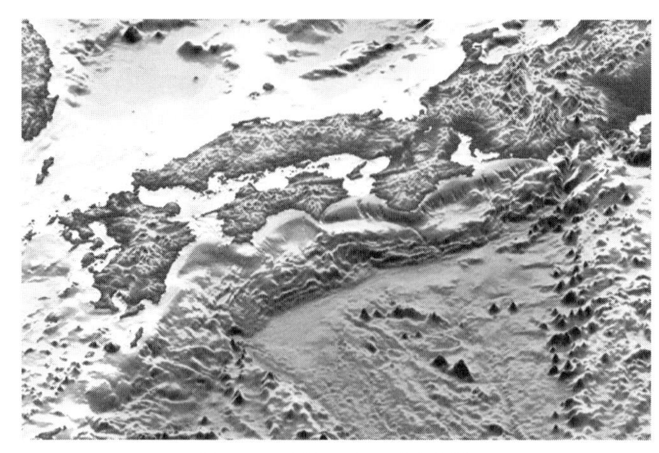

図 4-11 南海トラフの海底地形
目立ったへこみ（indentation）は海山が沈み込んだ跡である．（日本水路協会同前より）

は起こっておらず銭洲海嶺の南で起こっていることが最近の精密な地震の観測で明らかになった（図 4-11）．

(1) 陸上の付加体は地震発生体の化石

海底地形図を見ると南海トラフの陸側斜面は凹地とリッジ状の高まりが並んだ地形を呈している．これは付加体と呼ばれる地形に典型的である．多くがトラフ軸に平行な逆断層によって陸側が隆起した地形である．またこれらの付加体を直角に切る海底谷や断層が見られるのである．掘削の事前調査として行われた東京大学海洋研究所のサイドスキャンソナー「イザナギ」の記録は室戸岬沖の南海トラフに広大な付加体の発達している様子を明らかにした．付加体とは海溝にたまった陸からと海からの堆積物が，スラブの沈み込みに伴って陸側に押し付けられて持ち上げられる構造である．地層はおおむね陸側に傾斜しており堆積物の年代は海溝の軸に近いほど新しい（図 4-12）．このような付加体は南海トラフだけでなく，カリブ海のプエルトリコ海溝のバルバドスやアリューシャン海溝にも発達している．そもそも付加体の最初の定義は，中米海溝の石油の音波探査によってシーリー（D. R. Seely）やディッキンソン（W. R. Dickinson）たちが行ったものだが，今では中米海溝のエクアドルにあるのは典型的な付加体ではないといわれている．地球科学の用語の模式地は多くの場合，

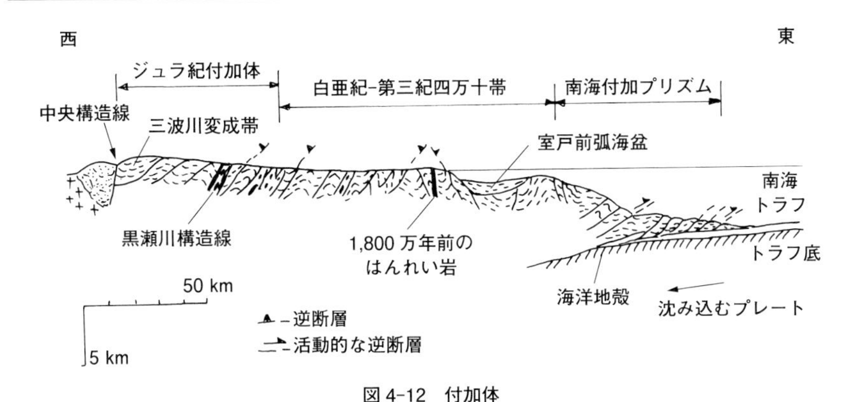

図 4-12　付加体

付加体ができるメカニズム．陸側へどんどん付け加わって陸の部分が上昇する．(Taira *et al.*,1992 を改変)

後の研究や発見によって模式地としてふさわしくないことがわかっている．

四国や紀伊半島さらに中部地方の静岡県には砂や泥がたまってできた新第三紀から白亜紀にかけての地層が分布している．これは互いに時代や岩相（石の顔つき）が似通っているので模式地である四国の四万十川の名前をとって四万十帯と呼ばれている．四万十帯の構造や時代の研究は平朝彦（現・海洋研究開発機構理事長）らの研究で，これが過去の付加体であることが明らかになった．四万十帯は険しい山脈を形成しており岩石の露出もよく格好の研究フィールドである．

(2)　三度目の Leg 131 掘削で大成功

南海トラフでは1973年のDSDPの時代に掘削孔297と298の2点が掘られた．Leg 31である．このときの首席研究員はコーネル大学のダン・カーリグ (Daniel Karig) とスタンフォード大学のジム・イングル (James Ingle) であった．しかし，砂がちの地層の掘削は困難であった．1982年にカーリグは前回の失敗に懲りず再び南海トラフの掘削に挑戦した．Leg 87であった．このときは掘削孔582と583が掘削されているが，やはり砂の層に阻まれてうまくサンプルが回収できずにいくつも掘削点（サイト）を変えて掘削している．実はこのときは筆者も乗船研究者として参加している．もともとは，私はこの航海では日本海溝の調査に行くつもりであったが横浜を出港すると何と再び南海トラフへ向かったのである．このときは洋上で台風に遭い，何と台風の目が船の上を通過していった．今まで1,000日以上の日数を研究船で過ごしている筆者であるが，こんな経験は初めてであった．この航海では散々な目にあったがそれでも掘削は成功であった．一つの断層や褶曲を掘り抜くことができたからである．

1989年ODPのLeg 131の航海で南海トラフの掘削が行われた．共同首席研究員は当時東京大学海洋研究所の平朝彦であった．このときは掘削孔808が掘られた．初めて南海トラフで掘削が行われてから実に100航海，16年後の成功であった．掘削孔808Cでは室戸岬沖の南海トラフ中央部の水深4,686 mの地点で1,327 m掘削し，付加体を掘り抜いて，その下の沈み込んだフィリピン海プレートにまで到達した．南海トラフ付加体は三つのタービダイト層からなり付加体の下のフィリピン海プレートの遠洋性の泥，その下に厚い酸性の火山灰層，玄武岩の枕状溶岩が識別された．またデコルマ（décollement）と呼ばれる主滑り面は945～965 mの間に識別され，多くの化学成分濃度に不連続が見られたが流体が移動しているような証拠は見つからなかった．火山灰はおそらく紀伊半島の熊野酸性岩に由来するものと思われる．タービダイトの物性が測定され付加体の内部での変形が明らかになった．岩石は著しく変形や破断を受けていた．掘削孔の孔内検層もうまくいった．

南海トラフの深海掘削はその後IODPに引き継がれ，今までにはなかったライザー（riser）というシステムを用いて深部までの掘削が可能になった．今までの掘削では掘削した掘屑を海底に放出していたが，二重の管を用いて掘屑を海底ではなく船上へ持ち上げるシステムであり，掘屑による掘削孔の閉塞や崩落がなくなった．南海トラフ付加体は，きわめて壊れやすい砂や泥からなるが，深海探査船「ちきゅう」の導入によって，掘削そのものや孔内計測が充実し，海溝軸よりさらに陸側の付加体が掘り抜かれて，付加体内部の詳細な構造が明らかになってきた．特にデコルマより深部での変形や水の挙動などに関して情報が増えてきた．2008年に行われたLeg 316では，巨大分岐断層先端部やプレート境界先端部デコルマから，断層コアが採取され，ビトリナイト反射率計測により，どちらも断層面上のみが過去380℃を超える高温になっていたことがわかった．

4-2-6　琉球列島の二つのギャップ

南海トラフは九州-パラオ海嶺で切られるがその続きは琉球列島へとつながる．琉球海溝（海上保安庁水路部では南西諸島海溝）は種子島の東沖から始まって台湾の東までつながる．一般的な走向は北東-南西であるが，宮古島の沖あたりから東西性の走向に変わる．水深は深いところでは7,000 m を越える．

琉球列島は九州の南につながる列島であり，九州から台湾までの弓形の橋のように中国大陸の前面に張り出している．琉球列島はしかし地形図をよく見るとひとつながりではなく大きなギャップが二つ認められる．それらは北からトカラ海峡と慶良間（けらま）海峡である．トカラ海峡はトカラ列島のすぐ南にあるギャップである．ここでは大陸棚が切れて北西南東方向の深い溝になっている．沖縄トラフに入った黒潮はここからフィリピン海に出てくる．南にある慶良間海峡（または慶良間海裂）は沖縄本島のすぐ南にあって北のギャップと同様に深い溝になっている．琉球では今から18,000年前の海水準低下期に，ほとんどの部分が地続きになっていて生物が渡り歩いていたと考えられている．しかし，これらのギャップは深く，泳げる生物以外は渡れなかった．これらの海峡は大きな断層であると考えられる．これは伊豆・小笠原で見られたように島弧を胴切りにする断層，構造線である．このことを最初に指摘したのは元・金沢大学の小

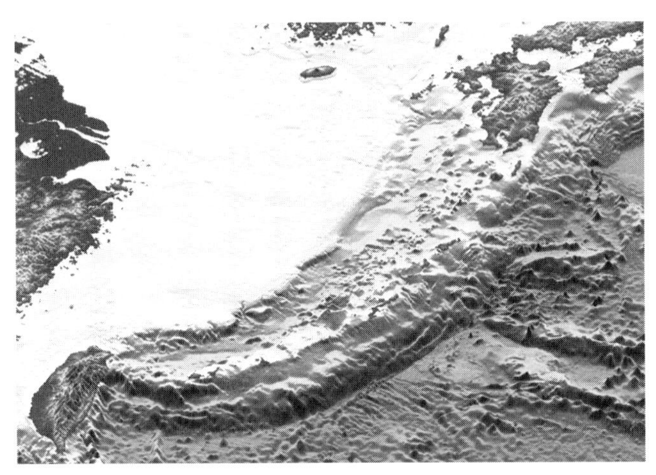

図 4-13　琉球海底地形
琉球海区の背後に沖縄トラフが発達している．（日本水路協会同前より）

西健二であった.

琉球を海側から中国大陸に向けて見ていくと次のような特徴が見られる. フィリピン海プレートの上面は特に石垣島の沖では顕著な地塁・地溝を形成している. 海溝は南ほど深い. 前弧には喜界島のような隆起した島が存在する. 奄美大島や沖縄本島は古い地層からなる隆起帯である. 火山フロントは阿蘇からトカラ列島へつながるが南には顕著に見られない. 中国大陸と沖縄の間には細長く続く背弧海盆である沖縄トラフがある. これは最近の200万年位の間にできたものである. トラフから中国本土までの間には広大な大陸棚が広がっている. ここには黄河や揚子江から運ばれた土砂が厚くたまっている. 以下琉球島弧-海溝系の特徴を見ていく (図4-13).

(1) 琉球島弧-海溝系の特徴

琉球の島弧-海溝系は, 九州をも含む. 正確には阿蘇山から台湾までおよそ1,600 kmの長さである. 火山フロントは阿蘇, 桜島と続く. 伊豆・小笠原の部分でも紹介したように, 一般的に島弧-海溝系の地球科学的な性質の連続性はせいぜい400 km程度である. 琉球の島弧-海溝系も例外ではなく上に述べたトカラ海峡と慶良間海峡によって北部, 中部, 南部に3区分される. 北部は水深が浅く巨大カルデラを持ち地殻の厚さは厚い. 南部は水深が大きく, 活火山は東シナ海に見られる. 背弧海盆を拡大させる断層運動や火成活動は南部では不活発であるが, 中部はそれが最も活動的である.

喜界島はサンゴ礁が島全体に分布することで有名である. 奇妙なことに, この島は地形図を見ると海溝側に張り出している. 奄美大島の北東にあり海溝までの距離が最も短い島である. ここには今から1万年前の完新世の段丘が4段認められている. この島は最も高い150～220 mのところにまで段丘があり, 少なくとも今から12万5,000年前の下末吉海進の頃から隆起が始まったことがわかっている. 最近の6,000年の間にも10.2 mも隆起している. このような急速な隆起はいったい何に起因するのだろうか？　東京大学海洋研究所にいた徳山英一は奄美海台を通る音波探査の結果を解釈して, 奄美海台の衝突が琉球の前弧の隆起の原因であるとしている.

(2) 九州の四大カルデラ

九州地方には巨大なカルデラが四つある. それらは北から阿蘇, 姶良(あいら), 阿多,鬼界のカルデラである．このことを最初に指摘したのは松本唯一であった．いずれも壊滅的な巨大噴火を起こし大量の火山灰を噴出している．陸上にある阿蘇山と鹿児島湾を作っている姶良カルデラは誰でもそうとわかる．阿多カルデラと鬼界カルデラは海底の地形図を見ないとすぐにはそれとわからない．しかし松本は陸上などに堆積した噴出物から，これらをカルデラであると推定している．

九州の四つのカルデラはいろいろな時代に巨大な噴火をしている．まず阿蘇は今から8万年程前に「阿蘇4」と呼ばれる超巨大な噴火を起こしている．また鬼界カルデラは今から6,000年ほど前の縄文時代に壊滅的な噴火をしている．このような噴火は一時に大量の火山灰（テフラ）を空中に放出しそれらは雪のように大地に海に降り注ぐ．火山の噴火は地質学的には一瞬の出来事であるが遠く離れた地域にも同じような性質の灰が降る．したがってこれらの火山灰によって埋もれた遺跡は，火山灰層序学や炭素の同位体を用いて年代を決定することができる．有名なポンペイの遺跡やクレタ島のミノア遺跡など世界には多くの遺跡の年代が，これらの手法によって解明されている．

琉球では地震も起こっている．八重山の群発地震などが知られ，伝説的な津波が琉球には語り継がれている．また石垣島に行くと津波石と呼ばれる巨大な石灰岩の塊が海岸からやや陸に入ったところに打ち上げられている．1771年に起こった明和の大津波によるものである．これは八重山地震津波と呼ばれていて，1771年4月24日に起こった$M = 7.4$の地震によるものである．石垣島では津波の被害が最も大きい．古文書によれば宮良村では85.4 mの津波が押し寄せてきたとしている．これが我が国最大の津波である．しかし津波の高さに関しては十分信頼できるものではない．

4-3　比較沈み込み学

プレートの沈み込みは古いプレートと新しいプレートとではその様相が異なることは見てきた通りである．ここではその違いについてまとめてみたい．それは簡単にいえば，古いほうが沈み込む角度が急なために，せめぎ合うプレート同士の応力に違いがあるということである．上田誠也と金森博雄は世界中のプレートの沈み込み帯を整理すると二つの顕著なタイプに分けることができることを1979年に指摘した．上田誠也はこれを名付けて「比較沈み込み学」(comparative subductology) という．それは代表的な海溝のタイプでいうと「チリ型」と「マリアナ型」である．日本周辺の海溝でいうと，前者は南海トラフで後者はマリアナ海溝や日本海溝に相当する．前者は「テクトニック侵食」を作る「侵食体」タイプで，後者は「付加体」を作るタイプである．

チリ型の代表であるチリ海溝では，東太平洋海膨でできたばかりの年代の新しいナスカプレートが形成されていくらも時間が経たないうちに潜り込んでい

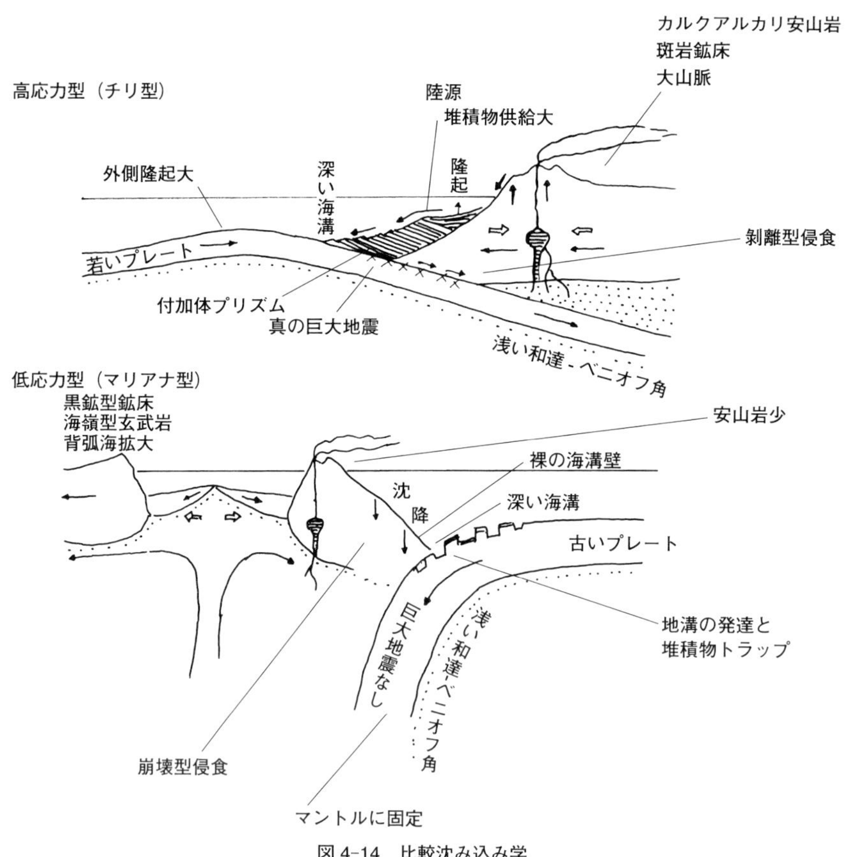

図 4-14　比較沈み込み学
チリ型とマリアナ型の相違が示されている．

く．プレートはあまり冷やされないためにスラブの角度は小さく，プレート自身は暖かい．そのために海溝軸にたまった堆積物はプレートの沈み込みと一緒に地球の内部へは持ち込まれずに，海溝の陸側に押し付けられ，はぎとられて付加体を形成していく．ここでは沈み込むナスカプレートと沈み込まれる南アメリカプレートとの間に圧縮の応力が働いて巨大地震を発生させる．南海トラフやカリブ海のバルバドスには大きな付加体が形成されている．大きな泥火山が形成されている．バルバドスは島全体が泥火山である．

一方，マリアナ型のほうは2億年近くにわたって移動してきた古い冷たい太平洋プレートが沈み込む．スラブは十分に冷やされ冷たく重たくなって沈み込みの角度は急になる．そのために沈み込まれるプレートとの間に隙間ができて，スラブがするすると地球の内部に入り込んでいく．そのために表面では伸長場の応力場ができ，巨大地震は起こらない．

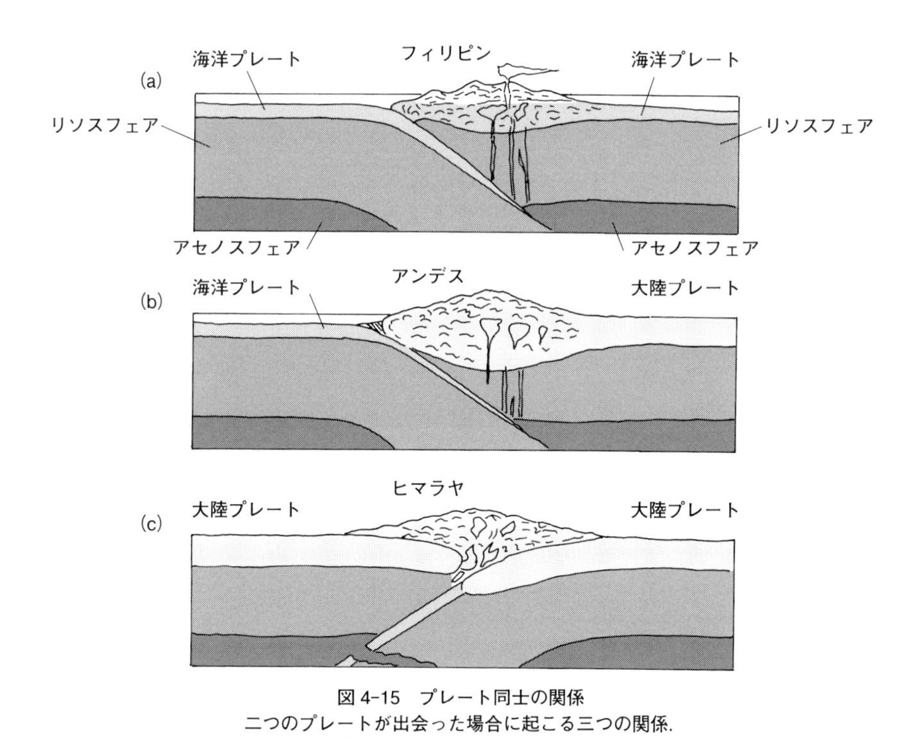

図 4-15　プレート同士の関係
二つのプレートが出会った場合に起こる三つの関係．

これらのタイプはそれぞれテクトニック侵食（構造侵食）と付加体に対応する．世界中の沈み込み帯を区分すると，テクトニック侵食と付加体がほぼ同数存在していることがわかっている（図 4-14）．

二つのプレートが沈み込み帯で出会った場合には，三つの異なる形が生まれる．海洋プレート同士が出会った場合には年代の古いほうが重たいので，古いほうが新しいプレートの下へと沈み込む（例：フィリピンの両側のプレート，図 4-15a）．陸のプレートと海のプレートが出会った場合には陸のプレートのほうが軽いので，海のプレートが陸のプレートの下へ沈み込む（例：アンデス山脈とナスカプレート，図 4-15b）．陸のプレート同士が出会った場合にはどちらも軽くて沈み込めないので巨大な山脈ができる（例：ヒマラヤ山脈とインド亜大陸，図 4-15c）．

まとめ

海溝はプレートの行き着くところである．西太平洋や環太平洋にほとんどが存在する．それは地球上で最大の太平洋プレートが沈み込むところである．海溝には侵食型と付加型の二つの種類があり，それぞれチリ型とマリアナ型に対応する．日本周辺では南海トラフと日本海溝がそれぞれの代表者である．二つのタイプは地球上ではほぼ同じ数だけある．

5 背 弧 海 盆
—海の後ろに海がある—

5-1　島弧の後ろの海—背弧海盆，縁辺海とは？

日本列島周辺のような西太平洋の多くの地域には島弧の後ろ，すなわち大陸側に深い海盆の存在することが多い．例えば，日本海，沖縄トラフ，フィリピン海などがその例である．このような海盆のことを背弧海盆という．また大陸の縁辺に存在するものは縁辺海とも呼ばれる．縁辺海は文字通り大陸の縁辺に存在する海で，その成因は問わない．ベーリング海，オホーツク海，日本海，東シナ海，南シナ海などがその例である．しかし，縁辺海すなわち背弧海盆ではない．中国と日本の間にある東シナ海は，ほとんどは大陸棚からなるきわめて浅い海である（口絵１参照）．

背弧海盆とは背弧の拡大によってできた海盆であると定義されてきた．すなわち海盆の中には拡大軸があって地磁気の縞状異常が存在する．このような典型は四国海盆である．その他にもパプアニューギニアの東にあるマヌス海盆やフィジーの北フィジー海盆などがある．ベーリング海やオホーツク海はトラップされた太平洋という考えもあり，日本海の中には典型的な地磁気の縞状異常がない．その原因は例えば熱水活動などのためもとあった地磁気の縞状異常が壊されているという考えもある．これらの海盆は地球科学的にはその成因に関する議論が多くなされているが，海水の挙動としても重要である．特に環境問題で取り上げられている炭酸ガスが海水中に溶け込んで大量にトラップされている．これが縁辺海から外洋に出ていくことや大気中の二酸化炭素をどのように除去するか，地球全体の炭素の循環にどのように関与するかについても多くの研究がなされている．

5-2　背弧海盆の成因─三つのモデル

背弧海盆はどうしてできるのだろうか？　プレートテクトニクスが提唱されて以来，今までに大きく分けて三つの考えが出されてきている．まず，第一に

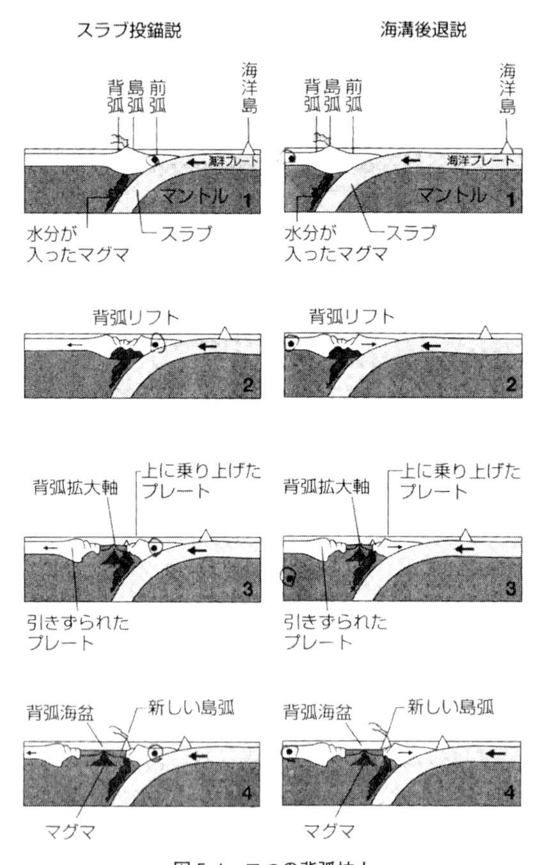

図 5-1　二つの背弧拡大
背弧拡大にはスラブが固定したものとスラブ（海溝）が後退するものの二つが考えられていた．（藤岡，2012）

多くの研究者は中央海嶺と同様に拡大の中心を持った拡大系であると考えている．このことを最初に議論しモデルを作ったのはコーネル大学のダン・カーリグであった．彼はプレートテクトニクスの考えが発表された直後に南半球のトンガやケルマデックの背弧海盆の成因を背弧の拡大というモデルで説明している．背弧拡大に関してもスラブが船の錨のように固定している，スラブ投錨説と，スラブが後退するという二つの考えがある（図 5-1）．2 番目は上田誠也らの考えである．例えばフィリピン海は太平洋がトラップされたものであると考えた．したがって背弧拡大のような火の気があるのではなく，年代の古い海盆であることになる．一方，都城秋穂はホットリージョンの伝搬という興味あるモデルを提案している．これは北西太平洋に分布する多くの背弧海盆の年代がすべて白亜紀より新しく（全部古第三紀より新しい）年代が少しずつずれていることからプレートより下にマントルのある熱い部分が，プレートの運動とは独立に移動（マイグレーション）して次々に背弧海盆を形成していったとするモデルで，現在のプルームテクトニクスとよく似ている．

現在すべての背弧海盆に共通するモデルはまだ認められてはいない．それは拡大軸がなかったり，地磁気の縞状異常がはっきりしなかったりするからである．現在の背弧海盆を見てみると，まずマリアナトラフは現在拡大している．拡大軸がちゃんとあり，地磁気の縞状異常も存在する．現在拡大していない日本海はどうだろうか．

5-3　三つの海盆からなる日本海

日本海はロシアのシホテアリン，韓国，日本列島，サハリンによって囲まれた面積 1,008 × 106 km^2 の背弧海盆（縁辺海）である．日本海は大和堆によって日本海盆，大和海盆，対馬海盆の三つの海盆に区分される．北側にある日本海盆は水深 3,500 m を超す，一番大きく一番深い海盆である．地震探査により日本海盆は通常の海洋地殻と同じ構造を持つことがわかっている．真中にある大和堆は浅いところは水深 200 m 以浅で表層には侵食地形の跡が見られる．小さな海底谷が発達し円磨された礫などが「しんかい 2000」の潜航で玉木賢策によって観察された．またドレッジによって 2 億年以上前の花崗岩が得られ，沿

図 5-2 日本海の地形
日本海の真中には拡大した際の積み残しである大和堆が存在する.(Amante and Eakins, 2009 に基づき作成)

海州の山地,シホテアリンに出現する花崗岩と時代も岩相も同じであることから,多くの研究者が大陸分裂のときの残りであろうと考えている.大和堆の南にある大和海盆は地殻が厚く典型的な海洋地殻ではない.中には松海山などの小さな海山や海丘が存在する.対馬海盆は基本的には大和海盆と同じである.日本海は地殻の熱流量の値が通常の海洋底より高い.そして地磁気の縞状異常は今一つはっきりしないためその発達史については色々な議論がなされている.ODP Leg 127 と Leg 129 の掘削によってその全貌が明らかにされた(図 5-2).

5-3-1 第四紀に隆起した奥尻島

北海道の西にはいくつかの島が分布している.渡島半島のすぐ西に存在する離島が奥尻島である.奥尻島には 9 段もの海成段丘が識別されている.地震が発生するまでは,この島はわずかな観光客や釣り人そして地質調査に来る人々くらいしか訪ねる人もいなかった．海洋科学技術センターの潜水調査船が日本海の調査を始めてからこの島から上下船することが多くなった．関係の多くの研究者が奥尻島に泊まっている．

奥尻島は平仮名の「く」の字のような形をしている．この島はその南にある渡島大島とは違って第四紀の火山の活動はまったくない．地質学的には白亜紀の花崗岩を基盤として新第三紀の海成層が堆積してできた島である．島の最高峰は神威山の584 m である．日本海側の新第三紀の地層はどこでもよく似ている．その模式地は男鹿半島であるが，地層名では古いほうから新しいほうへ，門前，台島，西黒沢，女川，船川，北浦と重なる．火山活動や堆積層に特徴があり，門前は安山岩質な火山活動が卓越し植物が阿仁合型（寒冷型）であり，台島はデイサイト質な火山活動で植物は台島型（温暖型），西黒沢は玄武岩と流紋岩の活動，女川は珪藻を主とする泥岩と海底玄武岩の活動，船川はデイサイトという具合である．実はこのような特徴は北海道の道南の地層にもあてはまるし奥尻島もほとんど同じである．奥尻島で顕著なことはこの島が第四紀を通じて隆起してきたことであり，海成の段丘がたくさん存在する．そしてこれらの運動は奥尻島だけでなくそれを含む奥尻海嶺全体の運動であるようだ．

5-3-2 新しいプレートの沈み込みと奥尻海嶺

この奥尻島は地形的な高まりをなす基盤の上に乗っている．この地形的な高まりは，日本海の東の端を縁取るように南北800 km にわたって分布しており奥尻海嶺と呼ばれている．奥尻海嶺では潜水調査船やドレッジなどによって，いくつかのことが明らかになっている．

まず奥尻海嶺からはドレッジなどによって海洋性の玄武岩やそれがゆっくり冷えてできたドレライトが得られた．これらのことから2,000万年前の日本海の海洋地殻が奥尻海嶺に付加した可能性がある．奥尻海嶺の麓に見られる海底地滑りによる乱泥流堆積物が発見され過去の地滑りが知られている．年代が正確に入ると過去の地震の発生周期の解明につながる．

1983年日本海中部地震震源域では地震発生の後ディープトウ（深海曳航（えいこう）カメラシステム）による調査が行われた．そこではスポット状の黄色い堆積物と裂け目の発見があり日本海溝の陸側斜面と同様に日本海中部地震との関連が注目されている．また魚の死骸，トンボの死骸の発見などから海底に毒性物質がありそれが日本海中部地震と関連があるのかどうかも問題である．これらの調査の結果は日本海の東縁で新しい沈み込みが起こっていることを間接的に示唆している．

5-3-3 日本海が沈み込む

1983年2月26日と27日に，東京八王子の大学セミナーハウスで1泊2日にわたる「明日の地球科学を考える会」が持たれた．全国の大学や研究機関から多くの研究者や学生が集まった．これは第2回目で，筆者が主催した会であった．このとき興味ある問題が提案された．筑波大学の小林洋二による「沈み込みは何故始まる？」という夢物語（本人の弁）であった．それは日本海の東縁で新しく沈み込みが起こっていてもおかしくないという話であった．同じ年に中村一明がほとんど独立に，日本海東縁で沈み込みが起こるという話を『地震研究所彙報』に書いた．2人の根拠はこうである．

まず小林洋二説．彼は世界中の島弧-海溝系で起こる地球科学的な諸現象を整理し，プレート境界で両側のプレートの密度が非常に異なるとき，地球内部から上昇してきた高密度物質がプレート間の結合を弱くする．この場合はプレート境界が引っ張りの力が卓越する張力場であることが望ましいことを認めた．それで彼は日本海が今後の沈み込みを起こす可能性のある場所であると提案した．

次に，中村一明説．彼は東北日本の日本海側に発達する新第三紀からの活褶曲などの活構造が主として東西性の圧縮場で行われていること，そしてこのような褶曲帯が北海道まではつながらないことに着目した．北米のプレート境界が，従来の地形図できちんと決められていないことにも注意していた．そして日本海の水深の一番深い部分をつなぐとそこで東西圧縮のストレスが解消されていると考えた．この2人がこのようなモデルを考えているときに日本海中部地震が発生したのであった．

5-3-4 テクトニックインバージョン

日本海はそれが形成されたときには大陸から分かれて移動したと考えられて

いる．始まりは何かマグマが突き上げてきて，日本海が割れたためにそこでは正断層系が支配的であった．日本海に面した秋田や山形の海岸近くには海岸に平行にたくさんの断層が見られる．これらの断層はすべて正断層であると考えられていた．産業技術総合研究所の岡村行信はこれらの断層が逆断層として活動していることを最近明らかにした．もともとは正断層であったものが同じ断層面を使って今度は逆断層的に運動するテクトニックインバージョン（構造的に逆のことが起こる）を提唱した．これは上に述べた中村たちの考えと調和的で，拡大をやめた日本海が今度は西から日本列島の下へと沈み込むことによって，そこに逆断層を発生させたということである．東北日本はこの逆断層が始まった，約 1.8 Ma から太平洋側と日本海側との両方から圧縮を受けて全体として急速に隆起を始めた．この年代は深海掘削や音波探査によって，奥尻海嶺が隆起を始める時代が特定されたものに相当する．

5-3-5　北海道南西沖地震

それから 10 年後の 1993 年 7 月 12 日に，日本海で過去最大の M ＝ 7.8 の「北海道南西沖地震」が勃発した．この地震では特に津波がひどく，奥尻島の南端の青苗地区は全滅であった．後に海洋科学技術センターの調査について述べるが，そのときに見たこの地区は悲惨であった．合計 200 名以上の方々が亡くなった．津波でやられた陸上以上に海底には大きな変動があったに違いない．地震が起こった後の海底はどんな様子だろう．まずディープトウで海底の様子を探った．その後無人探査機「ドルフィン 3K」で海底の様子を見た後，「しんかい 2000」を投入して海底の観察やサンプリングを行い，長期観測システムを設置した．この緊急の調査は事前に予定されていた潜航を取りやめて，今回の調査に最もふさわしい人材を選考してチームを作って行った．それは当時，海底の活構造に最も明るく，「しんかい 2000」で潜航したことのある人々（藤岡換太郎，田中武男，加藤茂，竹内章，倉本真一）が選ばれた．

一連の調査で地震の発生と海底の変動に関する重要な観察結果が集積された．以下にそれらについて少し解説する．

(1)　噴砂

噴砂は新潟地震のときに初めて発見され，そのままこの名前が定着した．堆

図 5-3 噴砂
砂が勢いよく噴き出した形は世界最大の花ラフレシアに似ている.（海洋研究開発機構より）

積物に含まれている水は通常はその上に次々に堆積する堆積物の重みによって上方へ吐き出されるが，水を通しにくい層があると地下深部に閉じ込められ非常に高い圧力状態のまま存在している．これが地震などによって通路ができて上方とつながると圧力が解放され急激に勢いよく噴き出す．この現象を「噴砂」という（図 5-3）．炭酸系の飲み物を振ったりすると蓋を取ったときに勢いよく噴き出すのと同じである．奥尻では水深 1,600 m 付近で直径 2 m もある噴砂が竹内章によって発見されているが，ここの水圧は 160 気圧であり噴砂はそれ以上の圧力で噴き出したのである．阪神淡路大震災の折，神戸ではポートピアなどで噴砂が至るところに認められている．地下深部の水の状態を知ることがいかに大切であるかがわかるであろう．

(2) 裂け目

奥尻では海嶺の斜面や震源に近い海底に数多くの裂け目が見つかった．また裂け目が再び閉じて，そこが盛り上がったプレッシャーリッジも発見されている．これらの裂け目は必ずしも硬い岩石が壊れてできたのではなく，むしろグズグズの未固結の堆積物にできているのである．このような発見は従来硬い岩石ばかりを研究してきた地質学者にとっては驚くべきことであった．三陸沖の日本海溝の海側の斜面に形成された裂け目に関しては筆者と竹内章は地震に関連した裂け目であるとした．奥尻の裂け目はどんな軟らかいものでも急激に力を加えると海底で観察されたような裂け目ができることを我々に教えてくれたのである．

(3)　斜面の崩壊

地震による斜面崩壊は至るところで起こった．斜面崩壊は規模の大きいものでは数 km にもわたる範囲が一斉に崩れ去る．一般的には地震や関連する揺れが引き金になるが，火山の噴火や洪水などによることもある．奥尻では斜面崩壊の規模は小さいが，数が多いのが特徴である．

(4)　カニの死骸

土石流は雲仙の火砕流の発生と大雨による濁流などによっていまやよく知られるようになってきた．特に固定カメラによる映像などでそのすさまじいばかりの威力は我々の想像を越えている．土石流は泥が主になった流れで，水に比べて密度が大きい．密度の大きい媒体の中では岩石の礫などは簡単に浮いてしまう．土石流の恐ろしいのはその中に巨大な礫などを含んでいる場合である．これが勢いよく斜面を流れ下ると草も木もなぎ倒してしまうのである．海底に生息している生物はひとたまりもない．脚の折れたベニズワイカニ，倒れたヤギ類は土石が斜面の上方から勢いよく流れ下ったことを物語っている．

5-3-6　日本海の基盤はどこか―掘削調査より

日本海では 1973 年に DSDP の Leg 31 で掘削が行われている．このときは掘削点 299 ～ 302 で 4 本の掘削が行われたが基盤の玄武岩層にまでは達していない．1989 年の伊豆・小笠原の掘削航海の後，東京大学海洋研究所の玉木賢策らの航海が始まった．その後 1 航海おいて Leg 129 で同じく末広潔らが航海を行い，多くの日本人が活躍した．以下はこのときの紹介である．

まず基盤の問題である．これは 1966 年の日米科学調査でラドウィック（W. J. Rudwig）たちが，日本海盆が通常の海洋地殻と同じ構造を持つことを音波探査によって示した．そうであれば玄武岩層が必ず存在するはずである．この航海では掘削孔 794 と 797 で基盤と思われる玄武岩に達した．両方とも海底から約 550 m の深さで玄武岩に行き当たった．ところがその玄武岩を掘り抜くと再び堆積物が出てきた．そしてその下にはまた玄武岩が出てくるというように，玄武岩と堆積岩が繰り返し出てきたのである．これらは今から 15 Ma 頃の堆積岩で玄武岩はその中に貫入していた．実は東北日本の日本海側には今から 15 Ma 頃にたくさんの玄武岩の貫入岩帯（ドレライトという玄武岩と同じ化学組成でそれより粒度が粗い岩石）ができたことが知られている．新潟県の温海，間瀬や山形県の瀬見などのドレライトである．これらの玄武岩質な岩石は日本海が生じるときにできた岩石であることがわかっている．

ところがこれが本当に地震波の速度構造で見られる基盤であるのかどうかには問題がある．実は同じような岩石が四国海盆でも得られている．これは掘削孔 442 から 444 にかけての 3 点で出現する．これが同じように堆積岩を何回も挟んでくるのである．そしてこの玄武岩類は実は中央海嶺に出てくる玄武岩よりアルカリ元素に富むことがわかっている．背弧海盆が拡大を始めた頃はまだ水深も浅く出てくるマグマも多少異なるのであろうという説明しか，今のところ得られていない．伊豆弧のスミスリフトの玄武岩ムースもこれと同じかもしれない．

5-3-7 日本海は西から深くなっていった

北海道大学の小泉格は珪藻化石の専門家である．天皇海山の掘削では共同首席研究員を務めており海洋科学技術センターの木下肇とともに日本人としては深海掘削計画に一番多く参加している研究者である．日本海の掘削では地層の年代の決定は寒流系の珪藻化石による方法の一人舞台であった．彼は掘削によって以下の四つのことを明らかにした．(1) オパール A とオパール CT との相転移は時間面と斜交すること，(2) 日本海域の上部中新統から第四紀にかけて実に 40 の珪藻化石の基準面が設定できること，(3) 後期中新世から鮮新世までの約 450 万年の間（8 ～ 3.5 Ma），対馬海流は対馬海峡を通って日本海に入っていないこと，(4) 第四紀の珪藻化石遺骸群集はユーゴスラビアのミランコビッチによって提唱された地球の自転や公転軌道の周期的な変化に関係するミランコビッチ・サイクル（Milankovitch cycle）に規制された氷河性海面変動の影響を受けていたことである．

スタンフォード大学のジム・イングルは有孔虫の大家である．彼は日本海の堆積物に含まれる底生有孔虫を用いてさまざまな時代の古水深を決めた．この研究によって日本海の時間的な変遷がわかる．日本海は西からだんだん深くなっていったことがわかった．すなわち日本列島は西から，まず大陸から分かれ始め，次々に東へと伝播していき水深が深くなっていったというシナリオである．

5-3-8 日本海の形成のシナリオ

日本海は一番最初寺田寅彦によって大陸移動のために形成されたと考えられた．掘削やそれに関連する多くの事実から玉木らは日本海の発達史を，次のように考えた．まず日本海は約 28 Ma 以前に地殻が引っ張られて割れて拡大を始めた．それは日本海の東縁を画する大横ずれ断層（ずれの変位の垂直成分より水平成分のほうが卓越する断層）沿いに最初の断裂が起こり，そこから海底拡大が開始され，18 Ma 頃までに西へと伝播し，日本海盆の東半分を形成したというシナリオである．また奥尻海嶺は今から 1.8 Ma 以降，逆断層によって隆起を始めたこと，そして奥尻海嶺を隆起させるような圧縮の場が約 5 Ma 頃より起こったことを明らかにした．

神戸大学の乙藤洋一郎たちは，日本海がユーラシア大陸から分離し始めたのは約 16 ～ 15 Ma の間で，その間にきわめて速い速度で拡大したことを陸上の岩石の古地磁気学の研究から提案した．

日本海の形成に関するシナリオはまだいくつかのモデルがあってまだ議論の余地がある．それでも，日本海盆の海洋地殻は約 1.8 Ma に始まった東西圧縮で，奥尻海嶺の形成とともに陸（この場合は奥尻海嶺そのもの）へのし上げるいわゆるオブダクションを開始した点に関しては多くの人が認めている．

5-4 フィリピン海

5-4-1 フィリピン海の形成

神奈川県の南あるいは西南日本の南にはフィリピン海が広がっている．これは地理的には太平洋であるが，独立してフィリピン海と呼んでいる．フィリピン海はフィリピン海プレートそのものである．フィリピン海プレートの境界は，伊豆半島の西側の富士川の河口から反時計回りに見ていくと，駿河トラフ，南海トラフ，南西諸島海溝（琉球海溝）から台湾，フィリピンの東のフィリピン海溝を通って，ハルマヘラのあたりを南の端にして東へ，パラオ海溝，ヤップ海溝，マリアナ海溝，そして伊豆-小笠原海溝から海溝三重点を経て相模トラフへつながり，ここから陸上のJR御殿場線を通り，富士山の下あたりを通って富士川から駿河トラフへと一回りする．その境界はほとんどが海溝である．これらの海溝にはフィリピン海プレート，太平洋プレートそしてカロリンプレートなどが沈み込んでいる．

フィリピン海の真中には九州からパラオ諸島につながる，九州-パラオ海嶺が南北に引き延ばしたZの形に走っている．その西側は西フィリピン海盆，東側は，北が四国海盆，南がパレスベラ（沖ノ鳥島）海盆と呼ばれている．パレスベラ海盆は西マリアナ海嶺を挟んでその東にはマリアナトラフがある．太平洋に面した一番東側にはグアム島やサイパン島があるマリアナ海嶺がある．西フィリピン海盆の北側には，北から奄美海台，大東海嶺，沖大東海嶺という古い島弧が3列並んでいる．それらは現在，琉球海溝に衝突している．奄美海台と九州-パラオ海嶺の間には直角三角形をした「奄美三角海盆」がある．四国海盆にはそれが拡大したときの拡大軸の東には南北に並んだ紀南海山列と呼ばれる海山の列がある．東京大学海洋研究所の白鳳丸が発見した白鳳海山は，四国海盆では最も大きな海山である．これらの海盆は背弧拡大することによって始新世から現在まで移動してきた．伊豆-小笠原弧と四国海盆の境界には南北に連なる落差が1,000 mもある紀南海底崖がある．

これらの海盆の拡大に関しては多くの深海掘削や地形，地球物理学的な研究から明らかになってきているが，年代や拡大様式に関しては必ずしも研究者の間で統一の見解はない．最近フィリピン海の南部の研究が行われて新しい考え方も出始めている．今までにまとめられてきた考えは以下のようである．

まず西フィリピン海盆が南北に拡大を始める．その年代はおよそ56～30 Maである．その後東のパレスベラ海盆が27～17 Maに，四国海盆が25～15 Maに東西に拡大する．最後にマリアナトラフがおよそ6 Maから東西に拡大を始め現在に至ったというものである．西フィリピン海盆や四国海盆は拡大が終わるとフィリピン海の移動に伴って南海トラフに沿って沈み込みを始める．西フィリピン海盆は拡大が始まった直後から昔の南海トラフに沿って沈み込みを始めた．四国海盆は15 Maから沈み込みを開始したが，伊豆–小笠原弧は地殻が厚いために沈み込めず，現在の南部フォッサマグナの位置で本州に衝突し始める．奄美三角海盆はフィリピン海で最も古い海盆であり，白亜紀にできたと思われていたがIODPの掘削によって古第三紀であることがわかった．そのためこれが伊豆弧の古い父島や母島を構成する島弧である可能性が出てきた．

5-4-2　ゴジラムリオン

四国の南に広がるフィリピン海の南，九州–パラオ海嶺の東にあるパレスベラ海盆の古い拡大軸に近いところから，第2章で見てきたような大西洋のメガムリオンの10倍以上もある巨大なメガムリオンが見つかって海洋情報部の小原泰彦によって「ゴジラムリオン」(Godzilla Mullion) と名付けられた．ゴジラムリオンは，最初海上保安庁水路部（現・海洋情報部）の地形調査から奇妙な地形が見つかってメガムリオンであると認識された．潜水調査船で潜ったりドレッジを試みて大西洋のメガムリオンで知られるように玄武岩，ガブロやかんらん岩が見つかった．ゴジラムリオンは，差し渡し130 km × 20 kmもの大きさがあるもので，大西洋のダンテスドームのそれよりは，はるかに大きい．ここではたくさんのドレッジによって，かんらん岩をはじめさまざまな岩石の分布と詳細な海底地形，地球物理観測が行われた．しかし，深海掘削が行われていないためにその鉛直方向の断面がわからないので，なぜこのように大きなメガムリオンができるのかについては，いまだに正解は得られていない．この研究は現在も進行中であるがパレスベラ海盆の拡大は大西洋のように遅くないために何か別の説明が与えられるかもしれない．

5-5　背弧海盆は資源の宝庫—沖縄トラフの熱水鉱床

沖縄トラフは中国大陸から最近200万年程の間に離れた活動的な背弧海盆である．沖縄トラフでは活動的な熱水が発見されるであろうと多くの研究者が思っていた．1986年「しんかい2000」が伊平屋海凹の調査を行ったとき海底から40℃の熱水が出てきていることがわかった．その後多くの地殻熱流量測定などが行われ，1,000 mW/m^2（熱の単位で，この場合は1 m^{2}あたり1 Wであるが，これが大きいとそれこそ電気がつく）という高い値が得られ高温の熱水が発見されるのは目前であった．1988年ドイツの「ゾンネ号」による調査やサンプリング，海洋科学技術センターのディープトウによる調査で伊是名海穴から海底の熱水が発見されている．我が国で最初の熱水の発見であった．ここでは主として「しんかい2000」や「ドルフィン3K」さらに「ハイパー・ドルフィン」などによって熱水の調査が行われた．

現在，熱水の見つかっている場所は伊是名海穴，伊平屋海凹，伊平屋北海丘，南奄西（みなみえんせい）海丘，鳩間海丘，第四与那国海丘，鹿児島湾の若御子（わかみこ）カルデラなどである．まだまだ見つかる可能性がある．最初に見つかった伊是名海穴では，「JADE」（ヒスイの意）と呼ばれるサイトの詳しいマッピングや地殻熱流量の測定，熱水や鉱石の採集などが行われた．沖縄トラフは炭酸ガスの噴出を伴う特異な熱水系であることがわかった．その原因は沖縄トラフへ流れ込む有機物にあるようである．中国の大きな河川，黄河や揚子江は世界でも10位以内に入る大河であるが，これらの河川が運搬する泥には多くの有機物が含まれているが，それらはすべて沖縄トラフの底にたまる．これらの有機物からメタンや二酸化炭素が形成され，海底面へと上がってくる．

ずっと北の奄美大島付近の南奄西海丘では，水深700 mのところに勢いのよいブラックスモーカーが見つかった．ここでは銅，鉛，亜鉛などの硫化物の他

図5-4　熱水
マリアナトラフの熱水系．（海洋研究開発機構より）

に自然硫黄の塊が見つかっている．自然硫黄は島弧の火山フロントの火山の噴気孔で見つかっており我が国の唯一自給できる鉱産資源であった．南奄西海丘は火山フロントに近く島弧と背弧的な両方のマグマの影響を受けているのであろう．後述するマリアナトラフ最南端の熱水系も島弧と背弧の両方の性質をあわせ持っている（図 5-4）．

沖縄トラフの伊平屋北海丘では 2010 年，「ちきゅう」による掘削が行われ，海底下に広がる熱水帯構造と熱水変質帯が発見された．ここには南北に大きなチムニー，NBC（North Big Chimney）や CBC（Central Big Chimney）などが並んでいることがわかっていた．これらの高温熱水噴出孔の列から約 100 m 東に離れた地点と，そこからさらに東に 350 m 程度離れた地点で，掘削深度に対して予想を超える温度上昇が見られ，熱水変質でできた硫酸塩鉱物を含む火山性堆積物が採集された．また，海底下を水平方向に流れる複数の熱水が発見され，伊平屋北熱水域の東側の海底下に幾重にも及ぶキャップロック構造（水を通しにくい蓋のようなもので，石油関係では帽岩という）が発達した高温熱水の移流と滞留，海底下での熱水と浸透海水との混合過程における熱水変質帯の存在が発見された．これは熱水域の地下構造を考えるうえで重要であった．1995 年の ODP Leg 158 で，大西洋中央海嶺の TAG で掘削が行われ，変質帯の存在が明らかになっていた．

海底下の熱水の滞留を発見したコア間隙水の化学組成解析の結果，海底下に存在する熱水滞留帯の上部には，蒸気相に富んだ軽い熱水が，下部には塩分に富んだ重い熱水が滞留していることがわかった．これまでは仮説として，塩分の高い熱水が分離して熱水滞留帯の下部に滞留すると考えられていたが，その状態が掘削によって初めて発見された．また，熱水滞留帯の規模は非常に広大かつ深いものであることが明らかになった．

5-6　マリアナトラフ―多数の熱水系を持つ背弧海盆

マリアナトラフは活動的な背弧海盆の一つである．これは掘削や地磁気の縞状異常から約 6 Ma から拡大を始め現在に至ったとされている．マリアナトラフの形は東に張り出した三日月型をしており，その西は西マリアナ海嶺と呼ばれる古い島弧で区切られている．ここでは「アルビン」や「しんかい 6500」の潜航調査によって多数の熱水系が発見されている．1982 年東京大学海洋研究所の白鳳丸の航海で蒲生俊敬はマリアナトラフの中部海域の深層水から熱水活動に関係すると見られるメタンガスの濃度の異常を発見した．1987 年にはすでに述べた「アルビン」が北緯 18 度付近に潜航して水深 3,600 m の海底から 287℃ の熱水チムニーを発見している．その後 1992 年には「しんかい 6500」が北緯 18 度付近を潜航調査した．マリアナで最初に熱水が発見されたときそれはアリススプリングと名付けられた．その後 1993 年には南のグアムの西からも熱水が見つかっている．うさぎ海山と呼ばれる水深 1,500 m のところにある山は一面の白いバクテリアマットで覆われていてまるで雪山のような景色であった．海底の噴火が近い過去にあってバクテリアの大発生，ブルーミングがあったと考えられている．マリアナトラフは中南部全域にわたってきわめて活発な熱水噴出活動が認められている．ところがトラフの北の端はまだ拡大しておらずリフティング（裂けて広がること）の段階である．ここでは熱水はまったく見当たらないが，リフトの中央から地殻の下部や上部マントルを示す岩石が得られている．

5-7　北フィジー海盆―海の真中の背弧海盆

北フィジー海盆はオーストラリアの東フィジー島のすぐ西に広がる半円形をした海盆である．全体の形は舌を出したような形というのが適切であろう．北の境界はビチアズ海溝，南は張り出したニューヘブリデス海溝で区切られる．東の続きはトンガ海溝で西はソロモンからパプアニューギニアへとつながる．海のど真中にできた背弧海盆である．しかしここは海洋性の島弧と海溝に囲まれたきわめて複雑な場所である．南北性の拡大軸が北では二股に分かれている．

北フィジー海盆の調査は 1988 年から科学技術庁の振興調整費で行われた．これは日仏共同研究で，ディープトウや「しんかい 6500」，フランスの潜水船「ノチール」を用いた研究であった．北フィジー海盆は速い拡大をしている背弧海盆である．約 12 Ma 位から拡大を始めている．フィジーの陸上にはたいへん新しい（2 Ma 位）黒鉱鉱床が知られている．そして東北日本の新第三紀の地層ときわめてよく似た地層が分布している．

フィジーでは「ホワイトレディ」という巨大な白いチムニーが発見された．ここに温度計や海底の観察システムなどが設置され，観測が行われた．溶岩の性質は枕状溶岩やシートフロー（東太平洋海膨に見られるような板のように薄く流れた溶岩），溶岩の柱であるピラー，渦巻き状の溶岩などが認められた．これらは高速の拡大軸である東太平洋海膨の軸部の性質とよく似ている．

5-8　二つの異なった熱水系を持つマヌス海盆

マヌス海盆とはパプアニューギニアの東に存在する背弧海盆である．海域はビスマルク海である．パプアニューギニアには活火山がいくつも知られている．ここでの調査は北フィジー海盆のときと同様，科学技術庁の振興調整費によってまかなわれる日仏共同研究であった．オーストラリアやカナダの研究者も参加した国際的な研究計画であった．海嶺は地球上6万kmにもわたって分布しているが世界中の海嶺の調査は1機関1国ではもはやできない．したがって国際的な協力のもとで行うべきであるとして発足した，InterRidgeという計画が国際的に進行している．

マヌス海盆ではパックマヌス，デスモスとビエナウッドの3か所で熱水噴出孔が発見されている．ここには島弧的な性質と背弧的な性質が同居している．パックマヌスは背弧のリフトに相当する．デスモスはきわめて珍しい熱水系で島弧の火山フロントかまたは背弧のリフトに相当する．ビエナウッドは背弧海盆である．得られた鉱石や熱水は東北日本の陸上にある黒鉱鉱床の鉱石に類似していた．

マヌス海盆の調査では二つの異なった性質を持つ熱水系が発見された．一つは通常の高温のブラックスモーカーで，ビエナウッドやパックマヌス地域であった．ここでは温度の高い270℃近い熱水に，巻貝やエビが群がっていた．もう一つは低温（120℃くらい）にもかかわらず水素イオン濃度のきわめて低い熱水が見つかった．東京大学大気海洋研究所のビークル，「デスモス」が発見したデスモス地域である．後者は恐山，山形県蔵王，薩摩硫黄島のようにpH3位の酸性のものであった．これに伴う熱水噴出孔生物群集も当然異なる．チューブワームやシンカイコシオリエビなどがいるが，巻貝は存在しない．自然硫黄などが出てくる．

これらの異なった熱水系は硫黄化（sulphidation）の違いを反映している．つまり，やや温度の低い水素イオン濃度の低いところでは高硫黄化が起こっていて明礬（ミョウバン）石という粘土鉱物が特徴的に出現する．東北日本では火山フロントに近い温泉に出現する．一方は，逆にカリ長石などが出現する水素イオン濃度の高いもので東北日本では背弧凹地に出現する．このように対照的な熱水が出現するのは，マヌス海盆が島弧的な性質と背弧的な性質を合わせて持つことを示唆しており，15 Ma の東北日本のテクトニックセッティング（構造区分とでもいうか）ときわめてよく似ている．

5-9 熱水活動の化石，黒鉱鉱床

東北日本の新第三系には黒鉱鉱床と呼ばれる銅，鉛，亜鉛の鉱床が存在する．これは約 15 Ma に形成された海底火山性熱水鉱床である．釈迦内，小坂，などの鉱山が有名であるが相次いで閉山してしまった．黒鉱鉱床は日本の研究者によってよく研究されている．佐藤荘郎は黒鉱鉱床を黒鉱，珪鉱，黄鉱，白鉱に分けた．それぞれ特徴的な色をしているからであるが，黒鉱は銅，鉛，亜鉛による黒，珪鉱は鉄の入ったシリカで透明から緑や赤，黄鉱は銅，鉄による黄色そして白鉱は石膏による白色という具合である．完全な黒鉱鉱床地帯には，これらの四つの鉱石の組み合わせが層状構造をなして出現する．鉱床を作る鉱液の化学組成や温度，圧力などの条件そして地質帯としての特徴がまとめられた．

黒鉱が海底で形成されたことは明らかであるが，それが現在の海底ではいったいどこだろうという議論が 1970 年代の終わり頃から盛んに行われてきた．例えば紅海の底に異常な高温で高塩分の金属を含んだ水の存在することが 1963 年に明らかになってきた．しかし，鉱床の現代版がにわかにクローズアップされたにもかかわらず，陸上の鉱山は相次いで閉山し，研究者の興味は薄れてしまった．皮肉なことにそのような頃に海底から熱水チムニーが発見され海底火山性の鉱床の成因が議論できる条件がようやくととのってきたのである．

私は昔，伊豆・小笠原や沖縄トラフに黒鉱が存在する可能性を指摘した．東北日本の 15 Ma 頃の地形，地質，古生物，鉱床，火山などに関する論文をたくさん読んで東北日本の当時の地形断面図を復元したのである．そのときに私が興味を覚えた二つの論文がある．一つは東北大学の北村信の仕事である．現在の東北の背骨ともいうべき脊梁山脈のすぐ近くが南北性の細長い地向斜性（地向斜とはプレートテクトニクスが出てくる以前の造山運動論で用いられた用語で，狭くて細長い地溝に堆積物が厚くたまった浅い場所を指すが，今ではほとんど使う人はいない；8-3-1 項参照）の凹地で深さは深く深海底であったとするものである．今一つは元・秋田大学の井上武の「黒鉱ベルト」であった．黒鉱の分布が幅 20 km 程の南北の細長い地帯にすっぽりはまってしまうというものであった．両者はほぼ同じ場所にあった．

このような手掛かりは当時伊豆・小笠原を研究していた私にとっては天啓ともいうべき論文であった．私は今から 1,500 万年前の地形断面や地質が現在の伊豆・小笠原のそれと全く同じであることに気が付いた．現在の須美寿島を通る断面である．1974 年に地質調査所の最初の長期航海の折，学生アルバイトで調査したのはこの地域の音波探査やドレッジの手伝いであった．私は黒鉱鉱床が現在の伊豆・小笠原の背弧凹地や沖縄トラフに形成されているという論文を『鉱山地質』の特別号に書いた．話をまとめたのは 1981 年であったが論文として世に出たのは 1983 年のことであった．しかし残念ながら，その後長い間，伊豆・小笠原からは熱水性の鉱床は発見されなかった．

しかしついに 1987 年，伊豆・小笠原の背弧リフトから黒鉱鉱床と同じ硫黄の同位体を持つ鉱石がアルビンの潜航によって発見され，1999 年には飯笹幸吉らによって明神海丘から「サンライズ鉱床」が発見された．1983 年に提案してから 16 年目のことであった．またその後伊豆・小笠原の火山フロントからも水曜海山など熱水噴出孔が次々と発見された．しかし，私は本物の黒鉱鉱床の現代版は，先に述べてきたマヌス海盆ではないかと考えている．

5-10　再度背弧海盆の成因

背弧海盆は日本列島の周辺にはたくさんあるがその成因についてはいまだに正解は得られていない．この章の初めには三つの成因論について述べた．まず，第一に中央海嶺と同様の拡大系であるとする考え，二つめはトラップされた海盆，三つめがホットリージョンの移動というモデルである．

それ以外にも沈み込んだスラブからその脱水による水がマグマを形成し，マグマによって背弧側が拡大するという考えや，沈み込むマントルウェッジでの対流によって厚いマグマが出てきて日本海を拡大させたというように沈み込むスラブ起源という考えがあった．

田村芳彦（Tamura, 2002）によって提唱された，島弧の火山は背弧側から熱い指（hot finger）によってマグマが供給されたという考えがあったが，それはこの考えに似ている．都城秋穂は 1986 年に hot region migration（ホットリージョンの移動）という考えを提唱したが，それが最近ホットになってきている．西太平洋にある背弧海盆の年代がいずれも 60 Ma より新しいことから，マントル深部にある熱い地域（hot region）が順に移動してきて次々と背弧海盆を拡大させたという考えである．西フィリピン海盆，パレスベラ海盆，四国海盆，日本海などがこの一連の移動で説明できるという．この考えをさらに延長すると，プルームテクトニクスに行き着く．深さ 2,900 km の核とマントルの境界から上がってくる熱いプルームが枝分かれした，やや小さめのプルームがあちこち移動しては背弧や陸を引き裂いて，背弧海盆やリフトを作るという考えである．いろいろな考えはあるものの背弧海盆の成因に関してはもはやあまり真剣に議論する研究者が少なくなってきている．

まとめ

西太平洋の大陸縁辺には背弧海盆が存在する．その年代は白亜紀よりは新しい．日本列島周辺には沖縄トラフ，日本海，フィリピン海などがよく研究されてきている．その成因に関してはかつては沈み込むプレートからマグマが発生しそれが大陸を割ってできるという考えが支配的であったが，最近では筆者も含めてホットプルーム（ホットリージョン）によって拡大したと考える人が多い．

6 海山と海台

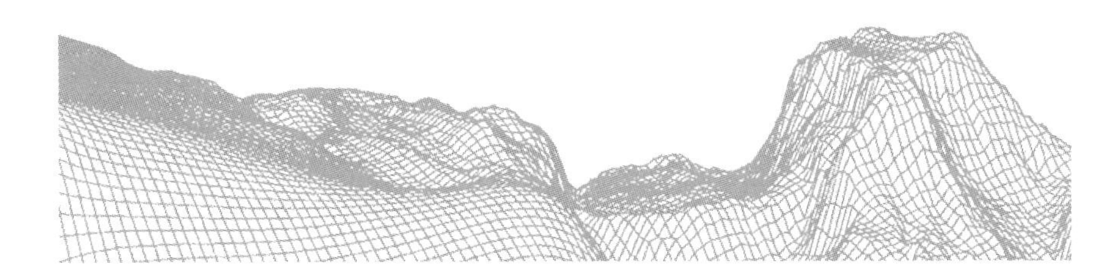

海の中にも山や台地がある．海山と海台である．これらには島弧-海溝系に存在するものも含まれる．ここでは島弧-海溝系以外の海山や海台を扱う．これらはプレートの底よりも深い場所に起源を持ち，プレート運動に対して不動点となる．また，海台を作るマグマは地下 2,900 km もの深さから上がってくる巨大なプルームによる．マントルはプルームによって対流を起こし大陸を移動させる．これらは壮大な海洋と大陸の移動の歴史を担う．

6-1　ハワイの島々—ホットスポット

太平洋の真中には英国のキャプテン・クックによって 1778 年に発見された（実際には先住民とマーケサスから渡って来たポリネシア人がいた）活火山の島，ハワイ群島が存在する．一番新しく大きなハワイ島は，直径が 80 km もある．日本の相模湾と同じくらいである．マウナケアやマウナロアという標高 4,000 m を越える玄武岩の楯状火山がそびえる．周辺の海底の水深が約 5,000 m なので，火山としては深海底から 9 km の比高を持つ，地球上で最大の火山である．ハワイ群島の地形や火山の活動等をハワイ島から北西方向に見ていくと，きわめて規則正しい変化をしていることがわかる（図 6-1）．

まず一番南東の端にある最も若くて大きい島がハワイ島である．これより南東には島も海底火山（海山）もない．ハワイ島の中でも現在活動しているキラウエアの周辺は山が高く，溶岩が頻繁に流れ出している．草も木も生えないごつごつした真っ黒な大地は，まだ生まれたばかりの 40 億年ほど前の地球の表面のように見える．しかし，島の北西の端のほうへ行くと，風化や侵食，そして

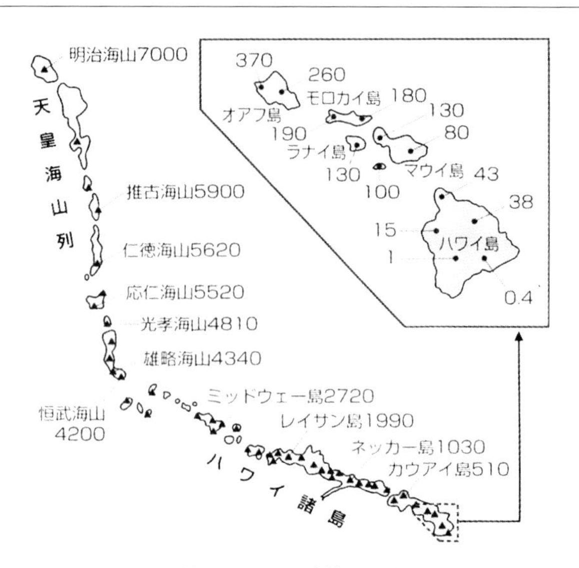

図 6-1　ハワイ全体の地形
ハワイ−天皇海山列が直線的に分布している．図中の数字の単位は万年．（藤岡，2012）

植生によって地形はなだらかであり，樹木が繁栄しており緑が豊かである．ハワイ島にはリフトと呼ばれる特異な地形的高まりがある．これは主に3方向へ延びた細長い火山性の高まりで，その下には岩脈が見られる．アイスランドでもそうであるが，マグマが地表に出てくる場合に，大地を突き上げて，その結果3方向に割れ目が形成される．多くの場合にその方向は120°の方向をとる．その割れ目にマグマが入り込むとゆっくりと冷えて岩脈を作る．これがリフトである．このリフトという構造はどこの火山島にもあって，島を多角形の形に見せているのである．

ハワイ島から一つ島を離れるとそこは高見山の故郷，マウイ島である．ここにはハレアカラという巨大な成層火山がそびえているが，現在は活動していない．さらにもっと西へ飛んでモロカイ島を飛び越えてオアフ島に行くと，ダイアモンドヘッド（Diamond Head）で名高いワイキキ海岸やハナウマ湾などがある．ここでは完全に火山活動はなく，カルデラは侵食によって壊されている．これより北西に行くとカウアイ島やニイハウ島がある．島は小さく地形はたいへん低く侵食が進んでいる．さらに西へ行くともはや島は存在しない．海底に沈んでいるからである．海底には海底火山が延々と連なっている．ニイハウ島から北緯32度付近までは海底火山は西北西に列をなして並んでいる．ここからは，海底火山の列は北北西に向きをかえてカムチャツカ半島の付け根にある明治海山まで連なっている．これらの一連の海山はアメリカのロバート・ディーツ（Robert Dietz）によって天皇海山列（Emperor Seamount Chain）と名付けられた．彼は天皇海山列という名前を考えた以外に地球科学の分野に大きく貢献している．それは，カナダのサドバリー鉱山の成因が隕石の衝突で説明できることと，ヘスと独立に「海洋底拡大説」を提唱したことである．

ハワイの火山島の地形的な大きな特徴の一つは，島の周辺の海底に島が崩落して運ばれた大小さまざまなブロックが散らばっていることである．火山島ができては崩壊し，その崩落物が岩屑雪崩や土石流となって周辺の海底に堆積することは，1950年代から知られていた．JAMSTECの調査船「かいれい」がハワイの周辺を調査して詳細な海底地形図を作ったときに，オアフ島とモロカイ島の東の海底に巨大な崩壊跡と散在するブロックが見つかっている．これには「ヌウアヌウ」という名前がついている．ブロックの大きなものでは長さが20 kmもあって「タスカロラ」と呼ばれている．散在する無数のブロックをジグソーパズルのように元に戻してやるときれいに復元できた．オアフ島のすぐ東に島のその片割れを作った火山があったことがわかった．モロカイ島からも海底に向かって流れ下った痕跡が見られる．このような崩壊は，すべてのハワイの島の周辺に見られて，崩壊現象は普遍的な出来事のようである．玄武岩溶岩でできた島は，その割れ目などに水が染み込んでやがて変質し，噴火に伴う地震などで揺すられると大崩壊を起こして，一気に深海底にまで岩石のブロックをなだれさせるようである．その中でも大きな崩壊は巨大な津波を発生させる可能性がある．

ハワイ周辺の海底地形で顕著なものの二つめは，ハワイを取り巻く地形的な高まりと，溝状の地形である．前者はハワイアンアーチ（Hawaiian Arch），後者はハワイアンモート（Hawaiian Moat）と呼ばれている．アーチはその地形断面が上に凸な弓形をしているために，橋やダムなどに使われるアーチという言葉が冠されている．モートとは地形的な低まり，凹地である．アーチとモートはハワイ群島の周辺海底のすべての島を取り囲むように分布している．これらは互いに関係が深い．これはハワイ群島全体が質量としてあまりに大きいもので構築されているために，ハワイ島全体が地殻の中にめり込んだために凹みと高まりができるのである．すでに述べたように，ハワイ島は周辺の海底からの比高は9,000 mを越える．それが全部玄武岩でできているためにあまりにも重たいのである．その重たいものが地殻の上に乗っているためにその周辺が凹み，その外側は地殻が押し上げられて高まりになるためであると考えられている．

このアーチには小さな火山ができていることが知られている．それはごくわずかなマグマがアーチの下から搾り出されてできたものと考えられている．

ハワイ-天皇海山列（Hawaii-Emperor Seamount Chain）がどのようにして形成されたのかを，初めて明快に説明したのはメナード（H. W. Menard）であった．彼はハワイなどの巨大な火山の列に着目し，これらがプレートの一番深部よりさらに深いところからのマグマの供給によって形成されたと考えた．プレートはこのマグマの上を通過しているときに，地下深部からのマグマがプレートを突き抜けて海底にあふれ出し火山を作るが，移動するプレートがマグマの部分を通過してしまうと，マグマの活動をもはや受けることはないので火山はできない．逆に，これらの火山の並びは，上を通過する過去のプレート運動の軌跡を表しているということになる．そして，このように常にマグマが発生しているような場所をホットスポット（hot spot）と呼んだ．スポットというには大きいものだろうが地球規模で見れば点であろう．

太平洋の海底にはこのように海底火山がたくさんあることが知られている．ライン諸島，タヒチ，ツアモツなど火山島もたくさんあるが，海底火山もたくさんある．火山島はいかに小さいものでも，周辺の海底から海面上に顔を出すまでに成長したのであるからきわめて大きいものである．ちなみに富士山の高さは3,776 mであるが，水深5,000 mの海底に富士山をおいたら深さ1,300 m程のところに頂上を持つ海山になってしまう．

メナードは1963年に『太平洋の海洋地質学』（*Marine Geology of the Pacific*）という本の中で太平洋にはおよそ4,000の火山があると述べている．しかしその後の研究でもっとたくさんの海山があることがわかってきた．第1章でも述べたが，1990年代にカリフォルニア大学サンタバーバラ校のケン・マクドナルドが東太平洋海膨の西側の海底地形調査を行った際に，驚くべきことに海膨のある範囲だけで4,000以上の海山を発見している．現在，海山と呼ばれるものがいくつあるかはわかっていない．おそらく数万という数になるだろう．

日本では，「海山」とは周辺の海底からの比高が1,000 m以上のものをいい，それ以下のものは「海丘」と呼ばれている．海山の形は円錐形のものが多いが，その頂上が平らな円錐台のものや，楕円形，楕円錐台のものもある．また単独に存在するものや二つまたは三つ以上のものが引っ付いた複雑な形をしたものもある．海山はハワイ島周辺の海底や，西太平洋では日本列島に近いところにもたくさん存在する．米国によって「芸者海山列」と名付けられたものもある．この名前は日本から抗議して結局「日本海山列」と改められた．

2014年10月に伊豆半島の南800 kmの小笠原諸島の西之島新島が突然噴火を始めた．1973年に一度噴火をして古い西之島と陸続きになったが，西之島新島（その当時のものもそう呼ばれていた）の活動が収まって波の侵食によりなくなってしまった．西之島新島は現在も噴火を続けており，古い西之島の12倍以上の大きさになりさらに高度も増してきて，中央にあるドーム状の高まりはまるで伊豆半島の東伊豆の大室山のような様相を呈してきている．

海山の形は多くの場合円錐形であるが，頂上が平坦なものを特にギヨーと呼ぶ．海山はほとんどが玄武岩でできているがまれにそうでないものもある．海山が海面上に顔を出したものは火山島である．

火山島といえばハワイ諸島やガラパゴス諸島などがあげられる．ここでは多くの日本人が訪ねたことのあるハワイ火山を取り上げる．この章の初めに地形などについて述べてきたがここでもう一度繰り返す．ハワイ諸島の一番南の端にあるハワイ島は現在も活動的である．1983年に東リフト帯のプウオーで小さな噴火が始まって以来，現在も溶岩を流出させている．もう30年以上になる．1986年にハワイの調査で，東京大学海洋研究所の白鳳丸でヒロに立ち寄った晩に，噴火が起こるという島内アナウンスがあって，多くの研究者が夜にもかかわらず車を飛ばして見に行っている．このときは数mから数十mのスパッター（spatter）という噴火が起こったにすぎない．大きな噴火はその後に起こり，大量の溶岩が流れてヒロの港から海へと流れ込んだ．ハワイ島はすべて玄武岩でできており，その最高峰はマウナケアで海抜4,209 mもある．火山島は周辺の海底からそびえているのでその麓である海底から見上げると水深5,000 mが加算されて全体で9,000 mを越える巨大な火山になる．このような火山は一朝一夕にできるものではなく約50万年前から噴火が始まった．海底に流れた枕状溶岩が延々と積み重なって海面近くにまで成長した．西之島のようにマグマ水蒸気爆発で火山灰がいったん陸上にまで山体を形成しても，波の侵食によってまた海水に沈没してしまう．海面すれすれを越えるためには侵食に強い溶岩を大量に出さなければならない．そうしてあるときから陸上噴火に代わってさらに山体を形成していく．ハワイの山体の形成史は西之島をみればわかる．ただ西之島を形成したマグマとハワイのマグマとは厳密にはその組成が異なる．前者はさらさらの玄武岩マグマで後者はやや粘性を持った安山岩マグマである．

ハワイ諸島の火山島は北西方向へと規則正しい変化をしている．ハワイ島の隣のマウイ島は高見山の故郷であるが，ハレアカラという大きな火山がある．これは活火山ではない．島はハワイ島に比べて小さく山の高さも低い．その隣のモロカイ島へ行くと島は極端に小さくなり比高も小さい．そしてオアフ島にはダイアモンドヘッドがあるが島の最高峰はそこである．ここから西に行くとやがて火山島はなくなってしまう．

ハワイでは火山を作るマグマと地震が密接に関係している。ハワイのマグマが地震で観測できる深さは60 km位である．それはプレートの底よりも深くから上がってきてプレートを突き破ってプレートの上である海底に溶岩をもたらす．マグマがプレートを突き破って移動するときに地震が起こると考えられる．

6-2　海山の構造

海山は，マルチナロービームによる地形調査ができる以前には技術的に大変調査のしにくいものであった．山頂と裾野ではあまりに水深が違うことと，山頂の面積が裾野に比べてきわめて狭いためである．最近では多くの海山の構造が明らかになった．日本の東には常磐沖海山群とか，昔芸者海山列と呼ばれた拓洋第4，第5海山などがある．常磐沖海山群は日立の沖から約42°の方向へ一直線に分布しており，ちょうどハワイ-天皇海山列と同様に海山の列を作っている．その年代はしかし白亜紀だと考えられている．

伊豆-小笠原海溝の東沖には一連の海山やギヨーが分布している．拓洋第4，

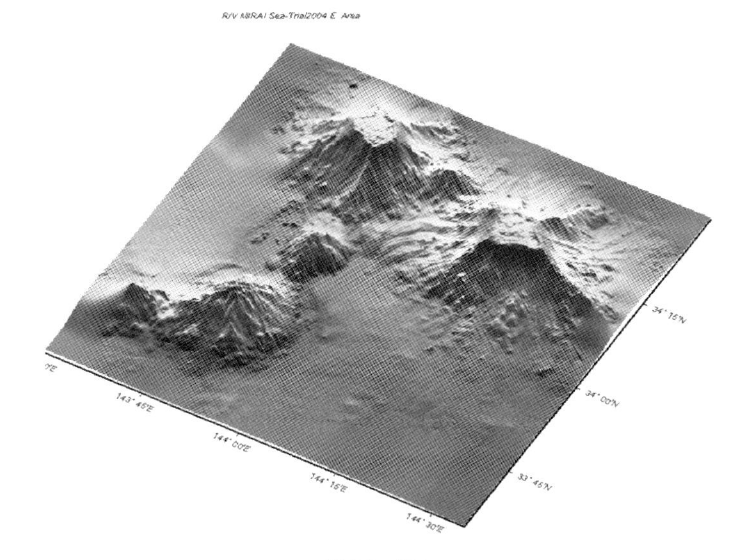

図 6-2 海山
拓洋第 5 海山の地形図. これはハワイの火山島とよく似ている.

第 5 海山は，現在はその頂上が水深 2,000 m 前後あって，頂上が平坦であるのでギヨーである．どちらもギヨーの縁は少し高まって内側は低い．これは，沖縄の東にある大東島や北大東島が，島のまわりをサンゴ礁で縁取られていたときの構造が残っているのと同じである．深海掘削ではこれらのサンゴ礁（今は石灰岩である）が得られている．その年代は化石から白亜紀の中期（100 ～ 80 Ma）と考えられている．このギヨーの南にある海山は頂上がとがったいわゆる海山である（図 6-2）．

拓洋第 4，第 5 ギヨーは，表面は平坦であるが 4 ～ 5 方向にまるでクモヒトデのように細長い指のようなものを広げている．これは前に述べたハワイ島のリフトと同じものである．どちらのギヨーも陸上に顔を出していたときにはリフトに沿ってマグマが出ていたものと考えられる．そしてその周辺には地形的な凹みであるモートや高まりであるアーチが見られる．この一連の海山ももとはハワイ島と同様の島だったと考えられる．それではどうして今はこんなに深いところにいるのだろうか．それは後に述べる海山の一生と同じ運命をたどったのである.

白亜紀の半ば頃（100 ～ 80 Ma）には世界的に大きな海進が知られている．海面が現在より 250 m も急激に高くなったのである．そのため島の周辺にあったサンゴ礁は溺れてしまって，成長が止まり死滅してしまった．サンゴ礁の付き方を見ると，火山島は波浪侵食を受けて海面すれすれにまで来ていて少し沈んだ形跡がある．その上にサンゴ礁が頑張って成長していたが，急激な海面変動には着いて行けず現在のようになった．拓洋第 4，第 5 ギヨーの南にあった海山は海面には一度も顔を出さなかったために波浪侵食は受けなかったが，周辺にはサンゴ礁ができなかった.

火山島が海面すれすれであった頃に海進によって海面が 250 m 高くなったとしても，現在の水深にまでさらに深くなっているのは，海山を乗せているプレートが冷やされて重たくなり，水深を増したことや，海山そのものも冷やされて重たくなったためだと考えられる．シュレーターのルート T（$\sqrt{T}$）則である.

6-3 サンゴ礁

熱帯や亜熱帯地域の島や大陸の周辺には美しいサンゴ礁が発達している．オーストラリアのグレートバリアリーフ（Great Barrier Reef）や北半球ではパラオ島の周辺に分布するロックアイランド（Rock Island）である．サンゴはサンゴ虫という刺胞動物が炭酸カルシウムを分泌してできたものである．その生息の条件は大きく三つある．まずサンゴ虫は太陽の光をエネルギーとしているので水深が 200 m より浅いところにしか生息できない．また，水温が冷たいところでは生息できない．生息できる平均水温が 25℃ なので，現在の日本では鹿児島県あたりが北限である．また水が濁っていてはやはり太陽のエネルギーが効率よく得られないので，水温 25℃ の浅い，清浄な水のあるところに限られる．それは北回帰線や南回帰線よりも赤道側で，浅瀬のある場所となると多くの火山島がその候補にあげられる．深海に出現するソフトコーラルはそうではない.

実際，火山島の周辺には美しいサンゴ礁が発達している．タヒチなどでは飛行機でその様子がよく見える．1832 年から 1836 年にかけて世界一周したダー

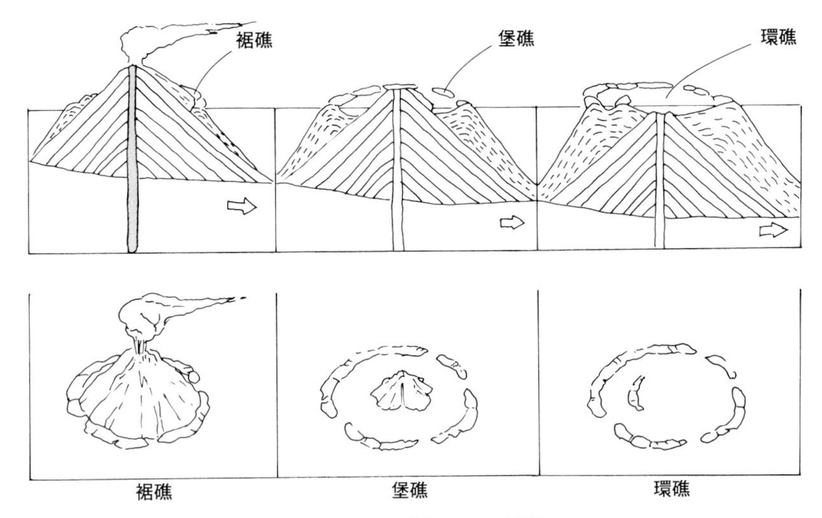

図 6-3 サンゴ礁の三つの形態
裾礁，堡礁，環礁のダーウィンのモデル．

ウィンはココス諸島で多くのサンゴ礁を観察してサンゴ礁には三つの異なる形態のあることを認識した．そしてその三つの形態は一連の活動で説明できるということを発表した．のちに本になった有名な「サンゴ礁の分布と構造」である．ダーウィンが認識した三つの形態とは，裾礁（fringing reef），堡礁（barrier reef），環礁（atoll）である（図 6-3）．

裾礁とは島の周囲を島の縁に沿って分布するもので，文字通り裾をたどるものである．堡礁とは島とサンゴ礁の間にラグーン（lagoon）と呼ばれる内湖を持つものである．そして環礁とは，島はもはや影も形もないが，島があったように環状のサンゴ礁があるものである．ダーウィンはサンゴ礁の三つの形態は以下のように説明できるとしている．火山活動が活発な島ではその裾野にサンゴ礁が形成される．火山活動が終息すると島は冷えて重くなり沈降していく．島の沈降に打ち勝ってサンゴ礁が上へと成長すると周辺に内湖を持つ堡礁ができる．さらに島が沈降を続けついに海面下へと沈んでもサンゴが上へと成長を続けると環礁ができるというものである．すなわち火山島の消長とサンゴ礁の成長との間には逆の関係がある．

6-4　海山が海溝に来ると

海山はプレートの移動によってやがては沈み込み帯へと運ばれる．赤道付近でできた火山島や海山はサンゴ礁とともに移動して海溝に差し掛かる．ここではいったいどのようなことが起こるのだろうか．

日本海溝の軸には北から襟裳海山と南には第一鹿島海山が差し掛かっている．海山の年代は1億1千万年前くらいから1億3千万年前である．伊豆-小笠原海溝には茂木海山が差し掛かっている．日仏海溝計画では日本海溝のこれらの海山にフランスの潜水船「ノチール」で潜っている．地形や音波探査では襟裳海山はちゃんとした山の形をしていることがわかっているが，第一鹿島海山は南北性の大きな正断層によって山体が二つに切られている．東側の山体の頂上の水深は3,700 mで，西側の頂上の水深は5,200 mであり，その落差は1,500 mある．潜水調査船で潜ったところこれらの山は玄武岩でできており，その上にサンゴ礁からなる石灰岩が覆っていることがわかっている．すなわち第一鹿島海山は海溝で地塁・地溝を作るようなプレートの曲げが起こって断層運動により山体が胴切りにされて今まさに海溝へと沈み込む途中である．それではその山体は将来どうなるのであろうか．

千島海溝の襟裳海山より北海道の陸に近い側には海底が盛り上がった地形が認められる．重力異常や地磁気の異常からこの地形的な盛り上がりの下には海山が沈み込んでいる可能性がある．地形調査や音波探査の結果，地下数kmのところに山の形が認められた．産業技術総合研究所の岡村行信は海山が沈み込むときに起こる現象をまとめた．それによると沈み込む海山が海溝に差し掛かったときには海溝の底の地形に大きな変化が生じることがわかった．

まず海山の先端が海溝に差し掛かると，海山がブルドーザーのように海溝の堆積物を陸側へと押し上げる．そのために海溝の陸側の地形は盛り上がる．海山がどんどん沈み込むとその前面の堆積物がどんどん盛り上がる．海山が完全に陸側に潜ってしまうと，盛り上がっていた堆積物は不安定になって崩壊し，海溝底へとなだれ込む．こうして海溝の海側に馬蹄形に開いた地形ができる．

千島海溝ではカデ海山が完全に海溝の下へと潜り込んでしまっていることが

わかった．第一鹿島海山は現在進行形で沈み込みつつある．日本海溝の沖合には海山がたくさんあって将来カデ海山と同様に，日本海溝へと沈み込んでいくであろう．そのときには海山が地震のアスペリティ（地震のときに大きく変形するところ）になって巨大地震が起こり，斜面崩壊が起こると思われる．このように沈み込んだ海山が陸側に作る盛り上がった地形は南海トラフにもある．四国の南沖の「土佐ばえ」である．日本海溝の場合には巨大な馬蹄形の地形が海溝の陸側斜面に連続して見られることから過去にここでは海山が沈み込んだ経験があるものと思われる．土佐ばえでもその下流側，南海トラフ側には馬蹄形の地滑り地形が見られる．これらの海山はその後いったいどのような運命をたどるのであろうか．その答えを与えてくれるものが鍾乳洞を持つ石灰岩である，次にそれを見てみよう（図 6-4）．

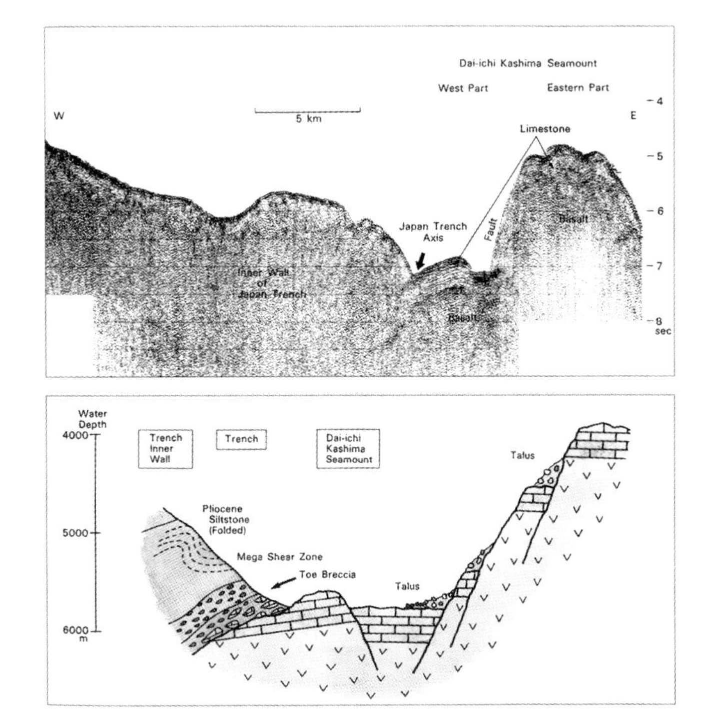

図 6-4　海山の沈み込み
第一鹿島海山の沈み込む様子．（海溝II研究グループ，1987：p.31）

6-5 石灰岩の岩体と鍾乳洞

日本列島にはおよそ2,500もの鍾乳洞が知られている．それらは秋吉台のように石灰岩の年代の古いものから沖縄の玉泉洞のように現在に近いものもある．岩手県には中生代の安家洞という一番長い（全長16 km）鍾乳洞があり，その南には龍泉洞という水深100 mもの深い湖を持った鍾乳洞が知られている．山口県の秋吉台には百枚皿と呼ばれる段々畑のような地形が知られている．四国の高知県と愛媛県の県境に近いところには姫弦平(めづるだいら)や天狗高原というカルスト地形が知られる．鹿児島県の沖永良部島には美しいサンゴ礁が知られており，島の中には海水の入った鍾乳洞が知られている．これらの鍾乳洞は古いものでは4億年前の石炭紀のものから2億年ほど前にできたジュラ紀のものもある．これらはどのようにしてできたのであろうか．

6-6 海山の沈み込みと付加

海山の沈み込みと石灰岩からなる鍾乳洞との間にはどのような関係があるのだろうか．

沈み込んだ海山はその上にサンゴ礁を持つものもある．例えば第一鹿島海山がそうである．これらの海山とサンゴ礁はそれぞれ玄武岩と石灰岩であるがばらばらに壊れて沈み込み帯の中へと入っていく．現在では日本海溝や千島海溝などで知られている．海溝から沈み込んだサンゴ礁や海山を作る玄武岩は，それが海底や海上に顔を出していたときよりも温度や圧力が高くなって，安定ではなくなって別の鉱物組み合わせの岩石へと変わっていく．そして元あった岩石の組織よりも高圧で安定な組織へと変化していく．その結果サンゴ礁は方解石からなる石灰岩，さらに温度や圧力が高くなると大理石へと代わっていく．一方，玄武岩の方は緑色片岩という緑色の岩石へと変化し，組織は同じ方向へ鉱物が並んだようなものへと変わる．緑色になるのは緑泥石や緑簾石，アクチノ閃石などの変成鉱物へと変化するからである．これらの岩石は地下深いところで温度は300℃位，圧力は3～9 kb位の条件でできる．深さにして10～20

km 位である．

このように深いところまでプレートによって持ち込まれたものがどのようにして地表へと上がってくるのかはまだよくわかっていないが，その一つのプロセスとして付加作用がある．

南海トラフで見てきたように，付加は沈み込んだ堆積物が圧縮を受けて変形し，陸側のものが逆断層で海側の新しい堆積物の上へ乗り上げていく現象である．ドミノ倒しや瓦を次々と重ねたような構造になって，このような逆断層が繰り返した結果，それが地表へと出てくるのである．ヒマラヤ山脈のエベレストの頂上の下にあるイエローバンドと呼ばれる地層（堆積岩）はもともとインドとユーラシア大陸の間にあった堆積物が，インドの衝突によって押し上げられたもので一種の付加作用の結果である．

石灰岩や玄武岩は海溝でばらばらになったものがやがて堆積物の中に取り込まれて堆積物と一緒になって上がってきたものと考えられている．

6-7 海山の一生

熱帯地域にあった火山島の一生を考えてみよう．まず巨大なプルームから派生した小さなプルームが地表（海底）へ顔を出して海山が形成される．それが成長し海面に顔を出し火山島となる．火山島の周りにはサンゴ礁が形成されていく（裾礁）．火山活動が止むと，すなわちマグマがなくなると，火山島は急速に冷却し沈降する．サンゴ礁は上へと成長して堡礁を形成する．そして火山島はさらに沈降して上には環礁ができる．この間火山島は乗っかっているプレートと一緒に海溝へと移動する．やがて海山とサンゴ礁は海溝へ差し掛かる．海溝域でプレートの曲げのために断層で山体は壊れる．壊れた山体は海溝の中へと沈んでいく．サンゴ礁も，火山島を作っている玄武岩もブロックに分かれて周辺の砂や泥と一緒になって付加体へと入る．温度や圧力が高くなって変成作用が起こる．付加が進んで古いサンゴ礁と玄武岩の破片は次々と逆断層によって上へと押し上げられてついに地表へと出てくる．そして山が形成される．地表に出たサンゴ礁は雨水にさらされて，内部が溶食して鍾乳洞を形成する．これは付加体を作るようなサンゴ礁と火山島である．

付加体を作らずに沈み込んだものはさらに深く670 kmの深さまでプレート（スラブ）に運ばれてそこで超高圧のメガリスを作る．メガリスがマントルの密度より大きくなるとついにマントルの中を核とマントルの境界である2,900 kmまで落下する．ここできわめて温度の高い状況で，今度はホットプルームと一緒に地表へと出てくる．このような循環を繰り返すものと考えられるが，これには数億年という年月がかかる．これがサンゴ礁と海山の一生である．

6-8　洪水玄武岩と巨大火成岩岩石区

大陸移動説が盛んな頃にそれとは独立に巨大な火成岩の岩帯のあることがわかっていてよく研究されていた．例えば大西洋を挟んだ両側の大陸に，アフリカにはカルードレライトと呼ばれる岩帯，またブラジルにはパラナ岩帯．ニューヨークにはパリセイド岩帯などがあった．またインドのデカン高原には地磁気の研究で有名なデカン玄武岩台地が知られていた．これらは大量の玄武岩があふれ出たという意味で洪水玄武岩と呼ばれていた．これらの玄武岩の年代測定が行われるとそれらが互いに無関係な年代ではなく，きわめて近い年代を示すことがわかった．そしてこのような巨大な火成岩の活動が，何か大きな地球の活動と関係した出来事であると認識されるようになってきた．

海洋底には火山などとは比べものにならないくらいの大きな台地が存在する．昔から知られているものには太平洋にあるシャツキーライズがある．シャツキーライズは日本列島と天皇海山列の間にある大きな台地である．表面は火山や海丘などに比べて平らであって，どこまでも続くように見える．これらは海底の台地ともいえるもので海台と呼ばれている．オントンジャワ海台は世界で一番大きい海台で，面積は日本列島の6倍ほどもある（図6-5）．南極に近いケルゲレン海台も大きいものである．

海底に存在するこのような台地，海台や陸上の洪水玄武岩は大量のマグマが地質学的に短い時間の間に噴き出してできたもので，巨大火成岩岩石区（large igneous provinces；LIPs）と呼ばれている．これは海底だけでなく陸上にも知られている（図6-6）．

アフリカに存在するカルードレライトは大西洋が拡大を始めたときにできた

図 6-5　海台の地形
オントンジャワ海台の地形．日本列島の 6 倍もの面積がある．

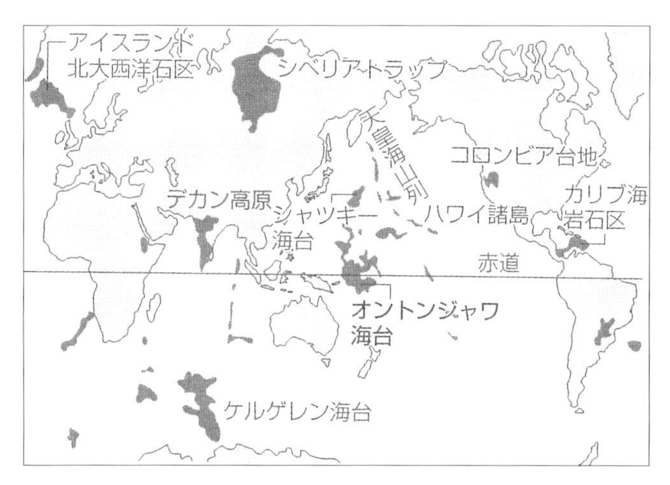

図 6-6　巨大火成岩岩石区の分布
濃い色の箇所が巨大火成岩岩石区．（藤岡，2012）

ものであるといわれている．南米のパラナ海盆もこの種のものである．シベリア台地やインドのデカン高原などもそうである．英国のスコットランドにあるスカイ島やムル島に見られる美しい柱状節理などもこの類である．

有名なグリーンランドにある層状貫入岩体であるスケアガード岩体は，最初は旧赤色砂岩だと思われた．ウェイジャー（L. Wager）たちはこの岩体を詳細に研究してこれがマグマだまりの中で分化した複合岩体であるとした．ウェイジャーはヒマラヤにも登った強靱な体力の持ち主でスケアガードの岩体をきわめて詳細に研究した．これらは層状貫入岩体と呼ばれていて世界中に存在する．

ノルウェー出身のマイク・コッフィン（Coffin：何と棺桶だ）は地球上のこれらの巨大火成岩岩石区に着目してこれらが決まった地質時代に大量の溶岩を噴き出すからくりについて考えた．オントンジャワ海台ではODPによる掘削も行われた．このように大きな岩体ができるためには膨大な量の溶岩が必要であるが，このような活動が起こったために地球の環境が大いに変化したことが指摘されている．特にシベリア台地の洪水玄武岩はペルム紀の終わり，約2億5千万年前頃に起こっており，超大陸パンゲアの分裂期にあたり大陸を分割するようなものであったと考えられている．

6-9 海洋無酸素事件

地質時代の堆積物（岩）を見るとサプロペル（sapropel）と呼ばれる真っ黒で有機物を大量に含んだものが特定の地質時代に出現することがわかっている．二畳紀と白亜紀である．これらの黒い堆積物は，オーストラリアのシアノバクテリアを含む地層が真っ黒で手で触ると手が真っ黒になるのとよく似ている．これは酸素の供給がきわめて少ない澱んだ海底に，有機物が堆積してできたものと考えられている．サプロペルには有機炭素が10%以上含まれている．このような岩石が同じ時代のあちこちの地層から知られるようになった．これは海洋底に酸素がいかなくなったために，有機物が分解されずに残ってしまったためである．きわめて還元的な海底に堆積したものである．現在の海洋はブロッカーによって提唱されている「熱塩循環」によって酸素が十分に供給されているためにこのようなことは起こらない．このようなことが現在起こっているのは黒海の底などである．

ではこのような深海底に酸素が供給されないという海洋無酸素事件（ocean anoxic event；OAE）はいったいどのようにして起こるのだろうか．

6-9-1 ペルム紀の終わりの海洋無酸素事件

今から2億5千万年前のペルム紀の終わりから三畳紀の初めにかけては，地球上には「パンゲア」という一つの大きな超大陸が存在していた．パンゲアはやがて北半球のローラシアと南半球のゴンドワナへと分かれていく．この超大陸を分裂させたのは，巨大なホットプルームだと考えられている．現在では陸上ではシベリア台地洪水玄武岩として知られる．このときの大量の溶岩を噴出した火山活動によって，地球上の環境が激変したと考えられている．二畳紀の終わりには現在知られている生物絶滅で最も大きいものが起こった．種の96%が絶滅したという．例えば三葉虫やウミユリなどの古生代型の生物は姿を消して，恐竜の祖先が台頭する．

大陸が割れ始めて狭い現在の紅海のような海ができ，その海底に大量のマグマが入り込むことによって，海洋底は酸素の乏しい状況になったというシナリオも考えられている．

海洋無酸素事件は白亜紀にも起こっていて，このときは白亜紀の大海進とも関係しており，海嶺の活動が活発になり海面が現在より250 m も上昇したと考えられる．

これらの火成活動によって海水は循環しなくなり，表面から海底へと酸素が循環しなくなり無酸素の状態が続いたと考えられている．

6-9-2 白亜紀の大事件―「逆転しない磁場」

白亜紀の中頃に地磁気の縞状異常が長い間続く．つまり磁場の反転がない時代が数百万年続く．そのような時代をスーパークロン（superchron）と呼んでいる．米国の豪快な地球科学者，ロジャー・ラーソン（R. Larson）たちはこの頃に海嶺の拡大が異常に速く，海嶺にあふれ出たマグマが高い地形を形成し，その上に乗っている海水があふれ出して白亜紀の大海進を引き起こしたと考えた．海進とは海の水が陸へと上がるため海岸線が内陸へ後退することをいう．この考えはフレンチポリネシアの火成岩や，すでに述べた洪水玄武岩の時期ときわめて近い．そこで白亜紀にはマントルからの巨大な溶融物の上昇，スーパープルームが地表に上がってきて，地球全体に大きな影響を与えたと考えた．米国のコッフィンたちの考えである．生物の絶滅，海底の無酸素状態，核やマントルでの対流の停止などの大事件である．これらの因果関係が今後の大きな課題である．海洋無酸素事件の原因はいろいろな考えが出されているが今のところ解明されてはいない．

6-10　地震波トモグラフィー

地球の内部の構造を調べるためにはどうすればいいだろうか．人が露頭を観察して地下の様子を推定できるのはせいぜい 100 m 位である．ボーリングでは世界で一番深くまで掘られたボーリングはロシアのコラ半島でおよそ 13 km である．これは地球の中心までの距離 6,400 km の 500 分の 1 にしかならない．これではどうしようもない．しかしうまい方法がある．地震が起こると地震の波は地球の内部を通って反対側で観測されることもある．これらの波の伝わり方から地球の構造が決められた．地球は外から地殻，マントル，核の三つの大きな構造からなることが知られた．20 世紀の初めである．このように，マントルの詳細な構造を決めるのには地震の波が使われる．実際掘削や人間の観察にはほど遠い深さの内部構造を知るには唯一の方法である．地震波の伝わる速度は媒質の密度に比例する．硬い緻密な岩石では地震の波の伝わる速さは速い．地震波の速度を決めている条件としては温度，水の存在，物質の違いなどがあげられる．温度が高くなると石は軟らかくなるために地震波の速度は小さくなる．逆に冷たいと石が硬くなり速度は増す．水が入ると岩石の融点が下がるために同じ温度でも速度は遅くなる．媒質の違いにより，地震波の速度は，波の伝わるのが速い鉱物を含む岩石では速くなるし遅いものが集まると遅くなる．この中で一番効いてくるのが温度である．

地震が起こったときにその地震の通ってきた場所の速度を求め，あたかも CT（computerized tomography；コンピューター断層撮影法）による断層写真のようなものを作ってみると，マントルの中には地震波速度の不均一性が認められた．マントルは一様なかんらん岩からなると考えられている．地震波の速度が遅くなるところと速くなるところがあることに気が付いた．温度の高いところはフレンチポリネシアのタヒチ島周辺の深さ 2,900 km のところや東アフリカリフト帯の地下である．逆に遅いのは日本列島から中国大陸の地下の深さ 670 km

あたりである．

まとめ

海山や海台は地表からは思いもよらないほど大きく，それらを作る火山活動は途方もなく大きい．海山が海底から海面まで顔を出すまでには大量の溶岩が必要であるが，西之島を見てもそうであるが短時間でできている．西之島の 100 倍以上も大きな海台ができるときにはいったいどのような大きな地殻変動が起こったのかを考えると途方に暮れてしまう．地球の歴史の中では 1 万以上もの海山が形成されてきたことを思えば，地球のエネルギーのすさまじさを感じる．そして海山の一生を思いはかれば 1 億年にもわたる長い歴史が考えられる．海山や海台は地球の歴史の 3 億年分くらいを考えなければその全体の姿はわからない．

7 深海底に生息する生物
—太陽の光がなくても生息できる奇妙な生物群集—

地球上に生命が誕生してから 38 億年．どれだけの種と数の生物が地球上に生息しているのだろうか．生命が誕生した海洋にはいったいどれだけの数の生物が生息しているのだろうか．世界最深のマリアナ海溝の潜航が行われ，いまや海にはどんな深いところにも生物が棲んでいることがわかっている．太陽の光の当たらない，寒い高圧の深海の世界にも生息する生物がいる．それはいったいどんな生物で，どんなところに棲んでいるのだろうか．深海底にはどんな生物が生息しているのだろうか．深海の生物の生息には地球科学が深くかかわっている．

7-1 CoML

21 世紀になって海洋の生物に関する大きなプロジェクトが持たれた．CoML（Census of Marine Life；海洋生物のセンサス）である．CoML は基本的には多様な生物を保護するためのものであるが，そもそも海洋にはいったいどれだけの種類と数の生物がいるのだろうか，そしてどこに棲んでいるのだろうか，ということを，2000 年から 10 年間かけて，世界 80 か国以上の国の 2,000 人以上の研究者の協力を得て調べた．海洋の生物に関しては CoML が進められ，生物の数に関する答えは一応出ている．しかし，実際にどのくらいの生物が地球上に存在するのかは今もって不明である．まして，地球上に生命が誕生してから現在まで 38 億年以上の月日が経っているが，いったいどのくらいの生物が生まれては消滅したのか，その種の数は，その全体の個体数は全くの未知数である．これは永遠の課題かもしれない．

7-2 海洋の生物

多くの生物学者は，生命は地球の海洋で誕生したと考えている．生命の誕生は今からおよそ38億年前，深海の熱水噴出域（hydrothermal vent area）で生まれたのではないかと考えられている．その根拠は最古の化石であるオーストラリア北部のノースポール（Northpole）という場所から得られたバクテリアの化石の年代が，絶対年代で35億年と出ているのでそれよりは古いということである．グリーンランド（Greenland）のイスア（Isua）という場所から見つかった礫岩の年代は39億年で，海はそれよりは古い．また40億年前にはまだ海は熱かったであろうということからもわかる．最初は古細菌（アーキア；archea）と呼ばれるきわめて単純な生物が発生した．生物はやがて細胞膜（cell membrane）を持ち，炭酸同化作用を起こして海水中に酸素を放出するようになり，数々の環境の大変動のたびに絶滅したり新しい種が現れたりして現在に至っている．生物は海水中からやがて敵のいない陸上へと足を運び，さらに空をも征服し，地球上のあらゆる環境に適応してきた．生物によってはいったん陸上に上がったものの再び海を目指したものもいる．例えば鯨類である．

現在の海洋に生息する生物は便宜的に表層，中層，深海底に分けられる．海洋では太陽の光は水深約200 m位までしか届かない．電磁波は海水を通らないからである．そのために生物学者は水深200 mより深い海を「深海」と呼んでいる．それより浅い海を有光層（photic zone）と呼ぶが，有光層に生息する生物は，太陽のエネルギーで生活している．それは光合成（photosynthesis）をする生物に依存する生態系である．植物プランクトン（phytoplankton）は太陽のエネルギーを得て炭酸同化作用（光合成）を行い，有機物を作り出す．動物プランクトン（zooplankton）は植物プランクトンを食べ，小型の魚は植物プランクトンや動物プランクトンを食べ，さらに大型の魚などは小魚などを食べている．こうして食物連鎖（food chain；food web）ができている（図7-1）．

7-2-1 海洋の表層の生物

海洋の表層は太陽がさんさんと照りつけて熱帯域などではサンゴ礁（coral

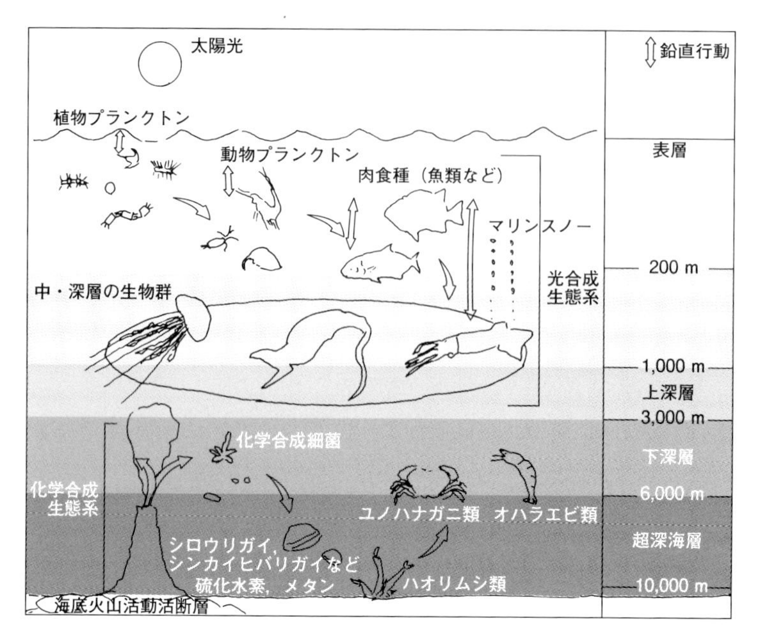

図 7-1 生物分布
深さ方向での生物の違い.

reef）が広がってそこにもさまざまな生物が生息している．陸上の熱帯雨林（tropical rainforest）の環境に生息する生物と似ている．ここで重要なのは生物の一次生産者である植物プランクトン類である．これらは太陽の光を得て炭酸同化作用を行う．これらが無機物から最初の有機物を生産するので第一次生産者（primary producer）と呼ぶ．炭酸塩の殻を持つ円石藻（coccolith）とシリカの殻を持つ珪藻類（diatom）などである．動物プランクトンには炭酸塩の殻を持つ浮遊性有孔虫（planktonic foraminifera）とシリカの殻を持つ放散虫（radiolaria）などがある．ほかにもカイアシ類，クラゲ類，甲殻類の幼生などもある．炭酸塩は海水中に不飽和であるために水深 4,000 m 位になると殻が溶けてしまう．シリカの殻はもっと深いところまで溶けない（図 7-2）.

7-2-2 中層の生物

中層の生物は，もはや光合成はできない．中層には 1 日のうちに昼と夜で表

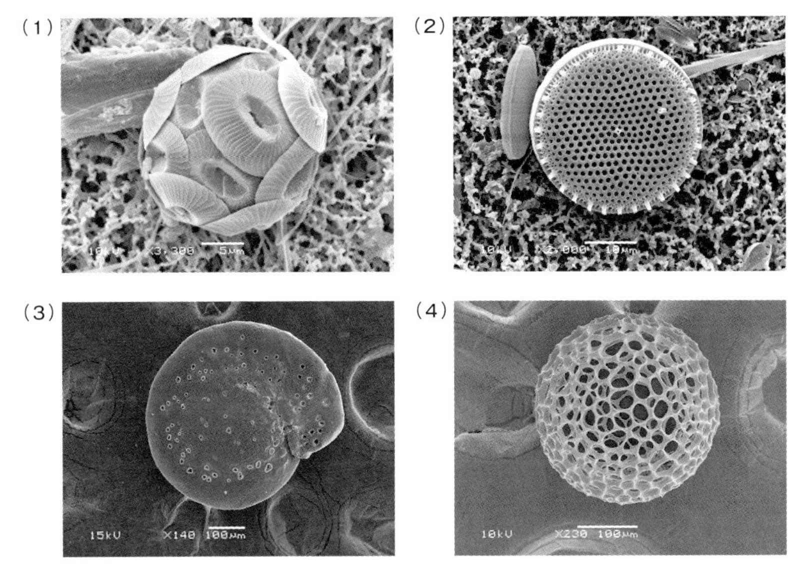

図 7-2 プランクトンの写真
プランクトンには石灰質な殻を持つものとシリカの殻を持つもの，植物プランクトンと動物プランクトンがある．(1) 円石藻（石灰，植物），(2) 珪藻（シリカ，植物），(3) 有孔虫（石灰，動物），(4) 放散虫（シリカ，動物）．（木元克典による）

層に行ったりまた中層に戻ったりする生物があり，そのために自分で泳ぎ水塊の中を時間とともに移動する．ネクトン（nekton）と呼ばれる遊泳能力のある魚などの生物がある．また，中層にはさまざまな種類のクラゲが生息している．

7-2-3 深海の生物

さらに深い深海底では生物はどうやって生息しているのであろうか．深海は太陽の光の届かない暗黒の世界で，温度はきわめて低く水圧は驚くべき大きさである．水は 10 m 潜るごとに 1 気圧増す．水深 6,500 m では淡水の中であれば，650 kg になる．海水は淡水より密度がいくらかは高いので 681 気圧になる．これは 1 cm^3 あたり 681 kg の圧力を受けるということである．これは親指の爪くらいのところに軽自動車が 1 台乗っているようなものである．このように暗黒，冷たい高圧の世界でも生物が生息していることがわかっている．

その中で深海底に生息する生物は現在でもほとんど未知である．1872 ～ 1876

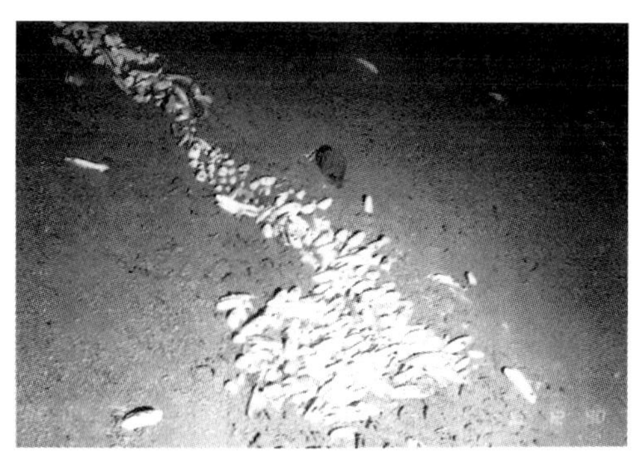

図 7-3 シロウリガイの写真
日本海溝のシロウリガイ群集は約 300 個体の貝からなる.

年にかけて行われた英国の「チャレンジャー号」による世界周航航海で，ドレッジによってそれまでに見たこともないような生物が数多く見つかった.

1977 年に米国の潜水調査船「アルビン」(Alvin) が深海底から奇妙な生物群集を発見したのが深海底の生物研究の始まりである．その後 1979 年に深海底から 360℃ にもなる高温の熱水チムニーが発見され，その周辺に二枚貝やイソギンチャク，チューブワームなど奇妙奇天烈な生物が見つかった (図 7-3)．これはまさにカンブリア (今から 5 億 4 千万年前) 大爆発のカナダのバージェス頁岩 (Burgess shale) から奇妙な生物が見つかったのと同様，生物学的にも画期的な発見であった.

1984 年には米国オレゴン沖から今度は熱水ならぬ冷湧水に依存する生物群集が見つかっている.

日本列島では熱水系の生物群集は 1988 年沖縄トラフの伊是名海穴の JADE サイトから見つかっており，1984 年に相模湾初島沖から見つかった初島生物群集は冷湧水生物群集であった．日本では冷湧水のほうが先に見つかっている.

7-2-4 化学合成生物群集

化学合成生物群集 (chemosynthetic animal community) というのを聞かれたことがあるだろうか．光合成ではなく化学反応により得られるエネルギーを使って生きている生物たちである．特に硫化水素やメタンは，合成されるエネルギーが大きいので，それを使って有機物を作り出すバクテリアがいて，そのバクテリアを食べている大型の生物がいて，一つの食物連鎖ができている．相模湾の中にも沖ノ山堆や初島の周辺で発見されているが，これが海洋科学技術センター（現・海洋研究開発機構）の潜水調査船「しんかい2000」による初期の頃の潜水調査によってもたらされた大きな発見であった．見渡す限りの海底にたくさんのシロウリガイとシンカイヒバリガイが生息しており，シロウリガイは主として硫化水素をエネルギー源にして，それに対してシンカイヒバリガイは主としてメタンをエネルギー源としている．化学合成生物群集には硫化水素系とメタン系の2種類がある．バクテリアマットというのはオレンジの変色帯であったり，白いフィラメント状の群集であったりする．バクテリアは一つ一つは見えないが，束になるとマット状に分布する．管状の棲管を作るハオリムシというのがいる．英語でチューブワームという．これはゴカイの一種で，チューブの中にミミズみたいなものがいて，これが熱水に含まれる硫化水素を取り込む．その硫化水素から，体内に共生した化学合成バクテリアが有機物を作り出し，それをもらって生きている．チューブワームは可愛らしくてキンポウゲの花のように美しいものが大西洋のTAG熱水地域に生息している．すでに述べたように化学合成生物群集は最初熱水系で発見された．1977年と1979年に東太平洋海膨やガラパゴス海嶺で深海底から360℃に達する黒い煙を吐き出す煙突状の金属硫化物の構築物（チムニー）が見つかりその周辺からシロウリガイやチューブワームなどが報告された．それは今まで人類が全く知らなかった新しい生物群集であった．これは地球科学や生物科学の分野での20世紀最大の発見であった．

7-2-5 熱水生物群集

熱水系の生物群集はその後至るところから発見されている．1979年に高温の熱水サイトがガラパゴス海嶺や東太平洋海膨から見つかった頃には世界でも数か所からしか見つかっていなかったが，現在では世界の350か所以上から見つかっている．大西洋中央海嶺，東太平洋海膨，そして2000年にはインド洋中央海嶺から，また日本列島周辺の背弧拡大軸，沖縄トラフやマリアナトラフ，マヌス海盆などから発見された．南極を取り囲む環南極海嶺は船が近づくには大変な場所であるが調査が行き届けばおそらくここからも見つかる可能性がある．世界中の海嶺系や背弧拡大系，島弧の火山に生息している可能性がある．

熱水生物群集は海底の熱水作用によってもたらされるメタンや硫化水素がバクテリアを養っており，そのバクテリアを餌としたり，共生することによって大型の生物が生息し，狭いエリアに食物連鎖が成り立っている．

ガラパゴスや東太平洋海膨で初めて奇妙な生物群集が熱水噴出孔の周辺で見つかったときには，生物学者はいくつかのことに注目した．それは，海底の熱水系の環境が，生命が誕生したおよそ38億年前の環境とよく似ていることで，熱水系を研究すれば生命の起源がわかるのではないかということである．そして現在も研究が続けられている．

7-3 日本列島周辺の熱水生物群集

熱水生物群集は熱水噴出孔の周辺に生息するので，熱水噴出孔がどこにあるかによって決まってくる．日本列島周辺には残念ながら拡大軸はない．代わって島弧の火山活動や背弧海盆の火山活動などが知られている．それらは有用な金属鉱床を形成しているがなぜか東京都と沖縄県，鹿児島県に限られる．これらは伊豆-小笠原弧と沖縄トラフで，日本海溝，南海トラフ，日本海東縁にはいない．

東京都には伊豆半島から南に伊豆－小笠原海嶺（弧）が連なっている．この海嶺には活火山として北から大島，三宅島，御蔵島，八丈島，青ヶ島，ベヨネーズとさらに南へ南硫黄島まで火山が並んでいる．そのうち海底火山が孀婦岩の南に知られているが，これらは北から日曜海山から土曜海山まで七つ知られていて「七曜海山列」と呼ばれている．このうち水曜海山と木曜海山からは活動的な熱水が知られている．またベヨネーズ列岩の海底にある明神海丘には熱水と有用な金属鉱床以外に熱水生物群集も見つかっている．

伊豆・小笠原から南に続くマリアナの島弧-海溝系にある背弧海盆であるマリアナトラフでも数多くの熱水生物群集が見つかっている．

沖縄トラフは日本で最初の熱水生物群集が見つかったところである．中国大陸と日本列島の間には縁辺海である東シナ海がある．中国から続く大陸棚の縁からいきなり深い海盆がその間に横たわっている．沖縄トラフである．沖縄トラフの水深は北では1,000 m位であるが，中部では1,500 m，そして南部では2,000 mを越える．ちょうどアフリカとアラビア半島の間にある紅海のようなものである．ここはリフト（地溝）と同じような構造になっている．そして地下から熱水が噴出しており，多数の熱水生物群集が知られている．日本で最初の熱水生物群集は沖縄トラフの伊是名凹地から見つかった．

1984年に見つかり1984年海丘と名付けられた海丘から低温の熱水が知られた．その後1988年になってドイツの調査船「ゾンネ」によって伊是名海穴で360℃にものぼるブラックスモーカーが発見された．東太平洋海膨から発見されて10年後のことであり，背弧海盆から見つかった最初の熱水である．

その後，沖縄トラフのあちこちで熱水系が発見され，それに伴う熱水生物群集が見つかった．それらは，北から鹿児島湾の若御子カルデラ，南奄西海丘，伊平屋海嶺，伊平屋北，鳩間海丘，第四与那国海丘そして台湾へとつながる小さな海丘群である．

鹿児島県の若御子カルデラは水深200 mほどの浅いカルデラで鹿児島湾の中にある窪地である．ここから大量のサツマハオリムシが発見されている．これは光合成も行い化学合成もしているという変な生物である．

南奄西海丘は小さなマウンドを形成しており，高さ2 m程の金属の硫化物か

図7-4　熱水系の生物
インド洋の熱水系にはイソギンチャクなどの生物が棲んでいる．（海洋研究開発機構より）

らなるチムニーから透明な水が噴き出している．そのまわりにはシンカイヒバリガイがびっしりと生息している．周辺からは二酸化炭素のあぶくが出ている．伊平屋海嶺は沖縄トラフの真中に東西方向に延びる小さな海丘の集まりである．そのうち伊平屋北という海丘の上にカルデラが見つかりそこで大きなチムニーが発見された．NBC，CBC などと名付けられた．高さは優に 20 m はあって，途中に横へ庇のように張り出したフランジを持つもので活動的な熱水はその先端部から出ている（図 7-4）.

7-4　冷水湧出帯生物群集

すでに述べたように，1984 年米国のオレゴンの沖から冷湧水に依存する生物群集が見つかった．同じ年に日本の相模湾でも見つかっていた．

1984 年 6 月 5 日のことであった．神奈川県水産試験所の江川公明は「しんかい 2000」の第 115 潜航で相模湾西部の漁場の調査を行っていた．その前日には同じ研究所の杉浦暁裕が同じく相模湾の西の初島南東沖のもっと浅いところを調査した．水深 1,100 m あたりで窓を覗くとそこにはおびただしい数のシロウリガイとエゾイバラガニが見られた．これが日本で最初の化学合成生物群集の発見であった．米国西海岸のオレゴン沖で海嶺の熱水系ではなくて，海溝での冷たい水に起因する化学合成生物群集が発見され，その論文が 1984 年に出版されたばかりであった．江川たちの発見はおそらく世界で 2 番目の発見という快挙であった．

7-4-1　初島と沖ノ山の化学合成生物群集

相模湾の西寄りには人口 200 名ほどの小さな島，初島がある．伊豆半島の伊東の東沖にある周囲約 3 km の隆起火山島である．初島は第四紀の火山岩（玄武岩）でできた島で，現在は火山活動はないが，隆起しており顕著な 2 段の海成段丘が発達している．この島の南東の海底には化学合成生物群集の一つのタイプである冷水湧出帯生物群集（cold seep animal community）が存在することが 1984 年に明らかになった．

相模湾の伊豆半島側の東斜面の傾斜が変換する水深 1,170 m 地点には断層がある．どうやらこの断層に沿って地下から水が湧き出しているらしい．水の温度は周辺の海底の温度よりわずかに高い．この相模湾断裂に沿って断続的にシロウリガイを主とする生物群集が発見された．水深 1,100 m の海底は全く太陽の光が差さない．この生物群集は体内に共生する化学合成細菌により，海底下のメタンや硫化水素からエネルギーを取り出している．このような生物群集は日本列島の周辺では日仏海溝計画で日本海溝や南海トラフで発見されているが，東京に近い相模湾でも発見されたのである．沖ノ山堆列の西の裾野の水深 1,100 m のところには顕著な逆断層が発達しており，初島沖と同様シロウリガイやチューブワームを主とする冷水湧出帯生物群集が分布している．この生物群集の存在は「しんかい 2000」によって発見されている．相模湾の真ん中にある相模トラフをまたいで東側の沖ノ山堆の麓からも見つかっている．これは沖ノ山生物群集と呼ばれている．沖ノ山群集は逆断層に沿って湧き出してくる水の染み出しによって支えられていると考えられた．それ以外の場所からはまだ見つかっていない．

これらの生物群集の生息地に共通の地球科学的な特徴はその下に断層が通っていることである．初島には西相模湾断裂と呼ばれる南北性の断層が堆積物の下に埋まっているが，そこを通って地下からのメタンや硫化水素が海底に供給されているようである．断層から離れると地下から来る放射能が減っていくことが確かめられている．沖ノ山堆の麓には低角の逆断層が発達しており，その上に東京湾から運ばれた厚い堆積物が乗っていて，断層から染み出してきたメタンなどが栄養源になっているようである．

このような生物群集は駿河湾の東側，伊豆半島の西側斜面からも知られている．駿河トラフからは今まで化学合成生物群集が見つかっていなかったが，1992 年の 3 月に行われた「しんかい 2000」のテスト航海の折に土肥沖の伊豆側の斜面の水深 1,490 m の地点からスルガシロウリガイを優先種とした冷水湧出帯生物群集が発見された．この斜面が地質学的な構造区分のどこに相当するのかは複雑である．伊豆半島そのものは実は伊豆弧でありしかも背弧に相当する．沈み込み帯である駿河トラフからフィリピン海プレートとして見ると，実は海側の斜面に相当する．今まで沈み込むプレートの海側斜面からは化学合成生物群集は見つかっていないのである．しかしここでは，日本海溝の海側に見られるような地塁・地溝を作った断層のミニチュア版があるのかもしれない.

7-4-2 日仏海溝計画

日本列島周辺の海溝に初めて潜ったのはフランスのバチスカーフ（潜水船）のFNRS-IIIで，1958年のことで日本海溝であった．その後1962年には「アルキメデス」が，自分で航行が可能な潜水調査船としてはフランスの潜水調査船「ノチール」が初めて潜航した．1984年から始まった「日仏海溝計画」についてまずは述べよう．この計画の目的は日本とフランスが共同で日本周辺の海溝の詳細な調査を行うことであった．フランスの周辺には地中海にヘレニック海溝があるが，そこは水深が浅く本格的な海溝の調査を行うには大西洋の反対側のプエルトリコ海溝か西太平洋の海溝に行くしかなかった．当時としては日本列島周辺の海溝は，日本がよく調査していたので，潜航の場所は西太平洋，特に日本周辺の海溝に決まった．フランスはこの計画のために詳細な海底の地形図を作成し，6,000 m級の潜水調査船を建造し，この計画に間に合わせ日本まではるばるやって来たのである．

私はこれを製造している工場を見に行った．1982年パリからTGV（train à grande vitesse：フランスの高速鉄道）に乗ってサンテチェンヌまで行った．ここでは潜水調査船の耐圧殻を，戦闘機を作る工場で作っていた．アルプスの麓にあるこの町には大きな工場が建っていていかにも戦闘機を作っていそうなところであった．工場長はワインを飲みながら「昔はここでは石炭を掘っておったんじゃ」と話してくれた．ここでは真の半球を二つ作ってそれをぴったり合わせて球にすることまでを行う．直径2 mの大きな鋳型が転がっていた．出来上がったチタンの合金を真球に磨き上げていくのである．フランスはノチールを突貫工事で建造して大西洋でテスト潜航を行い，その最初の科学潜航が実に日本の海溝，南海トラフで行われたのである．

日仏海溝計画では，まず1984年にフランスの調査船「ジャン・シャルコー号」によって南海トラフ，駿河トラフ，相模トラフ，海溝三重点，第一鹿島海山そして日本海溝北部，宮古沖，襟裳沖の詳しい海底地形図を作成した．1年間の検討の後，水深等から考えて海溝三重点以外の地域で合計27回の潜航調査が，9回ずつ三つのレグに分けて行われた．これらの成果は写真集や論文，単行本になった．

私は今までに日本海溝に何回か潜航しているが，最初の潜航はフランスの「ノチール」であった．当時日本には6,000 m クラスの潜水船はなかった．ノチールで日本海溝に潜航したときは，日立沖の第一鹿島海山で海溝を横断した．この潜航では，海溝の陸側斜面に逆断層に起因する斜面と斜面崩壊の堆積物が作る不安定な傾斜地から，日本海溝では初めてのナギナタシロウリガイの群集を発見するという快挙をなした．この結果はイギリスの科学雑誌 *Nature* の記事になった．その後，宮古沖の日本海溝の水深 6,436 m の海底から世界最深のシロウリガイが見つかった．

7-4-3　世界で最深のシロウリガイの群集を発見

私が「しんかい 6500」で初めて潜航したのは，やはり日本海溝であった．今度は 6,000 m よりも深く潜れるので三陸沖でフランスの研究者，カデ（J. P. Cadet）たちが潜った場所のさらに深い部分をねらった．ここではフランスの潜水調査船が潜って当時世界で最も深いところでシロウリガイ群集を発見しているのと，ここで深海掘削や音波探査が行われたりしてデータが豊富であるためであった．このときは東京大学海洋研究所（現・東京大学大気海洋研究所）の学生の村山雅史（現・高知大教授）を補助研究者として経験のため連れて行った．

「しんかい 6500」の母船「よこすか」は潜航点付近の地形の調査を詳しく行った．まず詳しい地形図を作ってそれを穴のあくほど見つめる．実際に鉛筆で一杯書き込んだため穴が空いてしまったが．ノチールの潜航したルートの水深 5,000 m あたりから急崖（三陸海底崖）が発達していること，そして 6,500 m あたりで平坦な地形になることを確認した．これは断層によってできた急崖の下に土石流でできた小さな海底の扇状地が発達しているという解釈を与えた．そしてこの 6,500 m から約 500 m，急崖に沿って観察サンプリングする計画を立て，日仏海溝計画の成果につなぐという提案書を提出した．1985 年 7 月 6 日の潜航では，まず 6,499 m のところに着底した．この潜航では海溝の陸側斜面にはどうやら普遍的にナギナタシロウリガイが存在すること，その最深部はおよそ 6,400 m であることが明らかになった．深海底のように生物にとって餌のきわめて少ないところでは高密度の生物の集中は集団自殺を招く．このような生物の高密度分布の原因には別のことが考えられる．現在では化学合成生物群集と呼ばれているシロウリガイ，チューブワームなどの深海生物群集は太陽の光の恩恵を受けずに，地下から湧き出す化学成分によって支えられていることが判明している．生物群集を維持するメタンや硫化水素等は地質学的には，それらの流体が地下深部から海底表面に上がってくるための通路が必要であり，どのような経路を通ってくるのかが重要である．日本海溝の陸側斜面には断層によってできた流通系がたくさん形成されている可能性がある．このことが明らかになったのは実は海底の掘削や音波探査と呼ばれる地下構造の探査の結果による．

7-4-4　日仏海溝計画と天竜生物群集

1984年に始まった「日仏海溝計画」では南海トラフがその最初の目標であった．フランスの調査船「ジャン・シャルコー号」が，まず南海トラフの地形や重力，地磁気の測定を行った．翌1985年新しい潜水調査船「ノチール」が天竜海底谷の南海トラフへの出口で潜航を行った．ここではシロウリガイ類の群集や褶曲する地層が発見された．日仏海溝計画はその後1988年から「海溝／南海計画」と改められ「しんかい2000」や「しんかい6500」を用いた付加体の研究やその事前調査が行われた．この計画では南海トラフの陸側斜面の断層系や表面構造が明らかにされた．日仏海溝計画は1993年からさらに「海溝／東海計画」と名を変え今度は銭洲や南海トラフ東部の調査が行われた．この計画では南海トラフ東部のきわめて詳しい表面構造や地下の深部構造が明らかにされた．そしていくつかの顕著な逆断層が認定され，今後は付加体内部の流体の循環機構の解明や逆断層のモニターの必要性が提案されている．

7-4-5　冷水湧出帯生物群集の生息の条件

私と共同研究者の平朝彦とは日本の周辺に分布するシロウリガイを優先種とする生物群集のテクトニックセッティングについて考え，論文にしたことがある．これは主として日仏海溝計画で発見された南海トラフ天竜海底谷や日本海溝，そして相模湾についてである．生物群集は以後の研究の簡便さを考えて，発見された地域によって，天竜群集，初島群集，沖ノ山群集，鹿島群集，宮古群集とそれぞれ名前をつけた．以下ではこれらの生物群集の生息場所の地形や地質周辺のテクトニクスについて述べる．

(1)　天竜群集（南海トラフ天竜海底谷口）

天竜群集は南海トラフの天竜海底谷の出口，水深 3,830 m のところに出現する．ここは深海の扇状地である．赤石山脈や三波川変成岩帯に由来する砂や泥が厚く堆積し，砂や泥の層はゆるく褶曲している．また扇状地は南海トラフの軸から少し陸側に入ったところに位置するためプロトスラスト体と呼ばれる逆断層体に入っている．シロウリガイはトラフに平行な列をなすものと，それに直交する列のものとが見つかった．シロウリガイ，ナマコ，チューブワーム，イソギンチャクなどが生息していた．おまけはドラえもんのアイスキャンデーの包み紙であった．生物群集は逆断層に沿って地下から冷たいメタンや硫化水素に富む水が湧き出しており，それを栄養とするバクテリアなどに養われている．天竜群集の立地のキーワードは沈み込み帯，逆断層，粗い堆積物である．

(2)　初島群集（相模湾西部初島沖）

初島群集は相模湾初島の南東の水深 1,100 m に出現する．これは相模湾の西側の斜面の傾斜変換点を通る南北性の相模湾断裂に沿って広大な領域に分布している．ここは伊豆の斜面からの土石流堆積物が厚くたまった斜面である．ここの生物群集の内部の温度は沈み込み帯の生物群集のそれより高い．群集にはシロウリガイ，シンカイヒバリガイ，チューブワームなどが生息している．初島群集の立地条件は断裂，粗い堆積物である．

(3)　沖ノ山群集（相模湾東部沖ノ山堆裾野）

沖ノ山群集は同じ相模湾でもトラフの東側に分布する．沖ノ山堆の地形は水深 1,100 m 付近に地形の変換点があり逆断層であると考えられている．ここではわずかであるがフィリピン海プレートが沈み込んでいる．また沖の山堆からの崩落や崩壊による粗い堆積物が埋積している．シロウリガイ，シンカイヒバリガイ，チューブワームなどが生息している．キーワードは沈み込み帯，逆断層，堆積物である．

(4)　鹿島群集（日本海溝第一鹿島海山）

第一鹿島海山が衝突している日本海溝陸側斜面は海溝が浅く「ノチール」で

潜航できた．ここでは海溝に平行な逆断層が分布している．また地形は急斜面と緩斜面の繰り返しで土石流が下った跡がガレになっている．ガレは高さ1m程で粗い砂礫が積もったものである．群集は逆断層に直交し，ガレに平行に生息している．生物はナギナタシロウリガイ，ナマコ類，ワレカラ，イソギンチャク類，多毛類，腹足類であった．キーワードは沈み込み帯，逆断層，堆積物，ガレである．

(5) 宮古群集（日本海溝宮古沖）

宮古群集は世界で最も深くに産出する化学合成生物群集である．現在では水深6,370 m からも見つかっている．生息条件は鹿島群集と全く同じである．ここでは日仏海溝計画で6,000 m より浅いところにも生物が生息していることがわかっており分布はきわめて広い．キーワードは沈み込み帯，逆断層，堆積物，ガレである．

(6) 冷水湧出帯生物群集の生息条件

これらの生物群集の生息に共通する地球科学的な条件は沈み込み帯，逆断層，そして粗い堆積物である．沈み込み帯に運ばれた水は，地下深くでメタンや硫化水素などを含み逆断層に沿って上昇してくる．粗い堆積物はこれらの成分が海中に拡散しないようなマントになっていて，しかも粗いため網目のようにガスや水を表面へと運ぶ．これが深海の化学合成生物群集が形成されるための地質学的シナリオである．沈み込み帯に形成される逆断層は音波探査や地震探査で見られた地下構造から判断して，地下深い構造ときわめてよく結び付いている．そのためシロウリガイを養う水に関する情報を連続的にモニターできれば地下深部の情報を得ることができる．地震の起こる前後でこのような湧出に変化が起こるとすれば，きわめて重要な情報になる．深海の化学合成生物群集は地下からのメッセージであるかもしれない．

7-5 鯨骨生物群集

1992年に我々は鳥島海山の調査を行った．鳥島海山はくだんの鳥島のさらに東150 km のところにある前弧の海山である．このときの潜航の目的は，後述するマリアナのコニカル海山で見つかった蛇紋岩のフロー（流出）を鳥島海山からも発見しマリアナと比較研究することであった．まず私が潜航し水深 3,998 m の頂上の近くから蛇紋岩の露頭を発見した．しかし炭酸塩のチムニーを発見することはできなかった．潜航のコースが悪かったのであろうか．潜航の終わった晩，乗船研究者たちと地形図をよく検討してやや北寄りのコースを潜航することにした．翌日の潜航では和田秀樹（静岡大学名誉教授）がやや北寄りのコースを頂上まで潜航することになっていた．いうまでもなく蛇紋岩と炭酸塩の両方を発見するためで前日の潜航の結果を十分考慮して選んだ最良のコースであった．ところが頂上近くで全く奇妙なものが見つかったのである．それは人々の想像を絶するものであった．

ほかの研究者の潜航したビデオを見ていると勉強にもなるが往々にして名語録を発見することがある．このときのパイロットの井田正比古と和田秀樹の会話もそうである．「何だか妙な物が」「鯨の骨みたいですね」「そうですね」「す，すごい」なんとも感動に乏しい会話である．

水深 4,000 m の海底でクジラの背骨が 22 個とあごの骨が発見されたのである．しかもその表面にはシンカイコシオリエビやゴカイ，二枚貝などの生物が，一つの生物群集を形成していたのである（図 7-5）．私たちはこの世界初？の奇妙な生物群集に鳥島鯨骨生物群集という名前を付けて航海の終了後，すぐに科学雑誌 *Nature* に投稿した．しかし世界は広かった．実はこれは初めての発見ではなかったのである．1987 年米国の西海岸サンタ・カタリナ島の近くのサンタ・カタリナ海盆でもっと大規模な鯨骨生物群集が見つかっていたのである．我々

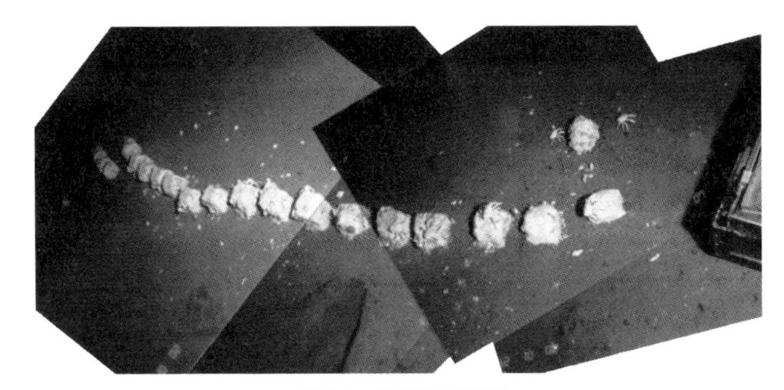

図 7-5　鯨骨生物群集
鳥島海山の山頂近くで見つかった生物群集．（藤岡ほか，1993）

が生物学者でないためにこのような生物群集があることを知らなかったのである．そういわれてみれば米国の西海岸はホエールウォッチングで有名でありアラスカから南のバハカリフォルニアまで回遊するクジラがしょっちゅう見られるので死骸があってもなんら不思議はない．同様に伊豆–小笠原弧の母島もホエールウォッチングで有名である．しかし，この発見は深海底を生物がどのようにして移動するのかという問題に新しい光を投げ掛けたのである．人はこれを「飛び石仮説」と呼んでいる．

7-6 生物の深海底の伝搬

深海底を生物はどうやって伝搬していくのだろうか．熱水系でも冷湧水系でももとになるメタンや硫化水素が出てこなくなると生物はもはや生息できない．すぐ近くに熱水チムニーがあればそこへたどり着けば生命を維持できるが遠く隔たった場所へはどのようにして移動するのであろうか．

日本の庭園には飛び石がある．ある一定の間隔で石が敷き詰められていてそれをとびとびに渡ると移動できるのである．深海底にもこのような飛び石があるだろうというのが「飛び石仮説」（stepping stone hypothesis）である．幼生で海流に乗って移動したり，地面を這って移動したりさまざまであろう．このような飛び石になるものがクジラのような大型の生物である．深海底の例えば熱水と熱水の間にこのような生物の遺骸があればいったんそこに集まって，その餌がなくなればまた別の遺骸に移動するというのである．砂漠のオアシスのようなものである．

相模湾の海底に人工的に鯨骨を設置して数年間観察したJAMSTECによる研究では，鯨骨から奇妙な生物が出てきて繁殖することが明らかになった．それは鳥島やサンタ・カタリナで見られた生物の群集組成とは大いに異なる．つまり生物群集は最初の骨から始まって，時間が経つと生物相が異なっているようである．鳥島海山のものが一番時間が経っているが，そこには深海コシオリエビ，イガイ，巻貝，ゴカイなどが見られるがこれは少なくとも50年は経過しているのではないかと考えられる．

7-7 何処が最初か

太平洋と大西洋そしてインド洋でも熱水が見つかった．生物群集はもし熱水活動が止まってしまったらどうするのだろう．飛び石仮説は一つの考えである．その際にいったいどこの生物が一番古いのかということが問題になる．海洋のできた順番を見てきたが三大大洋を見れば太平洋，大西洋，インド洋の順番であるようである．大きさもその順番になっている．太平洋の熱水系に生息していた生物は熱水が止まるたびに移動するが，大西洋へとたどり着く前には絶滅してしまうだろう．大西洋とつながればそこの熱水系を利用しやがてインド洋へとたどり着くかもしれない．インド洋の真ん中にあるロドリゲス海嶺三重点では南東インド洋海嶺が太平洋とつながっており，南西インド洋海嶺は大西洋とつながっている．インド洋にはどちらの生物群集が先にたどり着いたのであろうか．答えは三重点の熱水系には太平洋のタイプも大西洋のタイプも存在していたのである．しかし，ここにはスケーリーフットと呼ばれる硫化鉄のうろこを持つ独特の巻貝も生息している．

深海底の生物の伝搬や生命の進化の過程での海嶺や海溝の役割はまだ十分にはわかっていない興味深いテーマである．

まとめ

海洋の生物，とりわけ深海の生物は太陽エネルギーを得ることができないので化学反応によってエネルギーを得て生活するバクテリア類と共生して生きている．それには熱水系に依存する高温のものと沈み込み帯など低温に依存するタイプがある．これらとは独立に鯨骨生物群集も知られている．熱水生物群集は生命の起源に迫る可能性がある．鯨骨生物群集は深海を渡る生物の飛び石仮説を検証できるかもしれない．

8 海洋研究と地球科学

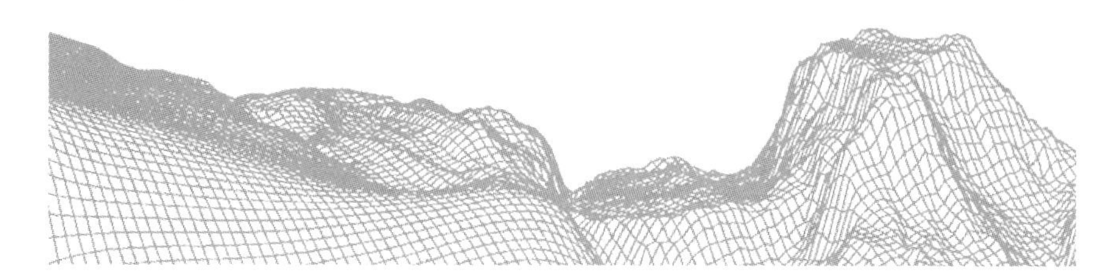

8-1　現在の地球科学ができるまで

現在地球科学を研究する者がよく使う言葉に「プレートテクトニクス」(plate tectonics) というものがある．この理論が出てくるのは1960年代の後半であるが，このパラダイム (paradigm) が構築されるに至った背景には，海洋の研究が重要な役割を果たしてきた．ここではまず海洋の研究がいつ頃からどのようにして始まってきたのかを眺めてみる．そしてプレートテクトニクスの前身である「大陸移動説」(continental drift) や「海洋底拡大説」(seafloor spreading) が生まれた動機や背景などについて見ていく．これらの説の根拠になった多くの観察事実こそ海洋底地球科学者にとって見落としてはならない貴重な材料である．それらをいかに巧みに組み立ててこれらの考えに至ったかを知ることは，これから新しい地球科学のパラダイムを構築する際に重要である．現在までの流れをレビューする．

8-2　海洋の研究史

8-2-1　前近代の海洋研究

本格的な海洋の近代的な研究は19世紀まで待たねばならないが，それまでにも海洋に関する知識の増大や研究に大きな影響を与えた発見がいくつかある．

古代の海洋の探検は，紀元前のフェニキアの海洋軍団にまでさかのぼる．あるいは単に海を渡ることだけであったら，さらにその起源は古くなるであろう．フェニキアの海洋軍団の頃は，地中海やアフリカの東部に関しての知識がかなり蓄積されており，ヘロドトスの著した世界地図にはインドまで描かれている．その後，ギリシャのサラミスの海戦やアレキサンダー大王の遠征などで，地理上の発見がヨーロッパ世界では急速に増え，トレミー（プトレマイオス）の地図ができた．しかしこの地図で表現されている世界はヨーロッパとせいぜいインドまでの地域であった．

古代から中世にかけて，中国では張騫（ちょうけん）や僧法顕（ほっけん）の大旅行がある．北海ではバイキングが，地中海では十字軍のたび重なる遠征があり，世界はさらに広がった．日本の鎌倉時代に中国からの元寇のあった頃，マルコ・ポーロがヨーロッパから中国までの大旅行をしている．またシンドバッドの冒険などに出てくるアラビア人の活躍や，海のシルクロードもこの頃である．これらの時代に書かれた日記や物語は，ヨーロッパ世界以外の国の地勢を余すところなく後世に伝えている．

15 世紀のいわゆる「大航海時代」には，中国，明の時代の鄭和（ていわ）の中国沿岸やインド洋への航海や，ヘンリー航海王のアフリカ西沿岸の探検があり，ついに 1492 年にはコロンブスが大西洋の横断に成功する．1498 年にはバスコ・ダ・ガマのインド航路の発見があり，海洋の探検はヨーロッパから東へアジアへと波及していった．1998 年はバスコ・ダ・ガマのインド航路の発見 500 年記念の年であり，ポルトガルのリスボンで，「リスボン万博」として開かれた．この年には我々は JAMSTEC の「よこすか」と「しんかい 6500」をポルトガルへ持っていってリスボン博で展示している．その後はインド洋へ初めての航海を行った．この航海はバスコ・ダ・ガマのインド航路の発見 500 年記念にふさわしいものであった．

地球が丸いことを証明したマジェランの世界一周航海は，フィリピンで殺されたマジェラン以外の彼の部下たちによって 1522 年に達成された．これら一連の地理上の発見は，いうまでもなく当時のヨーロッパ社会の市場獲得競争であり，西側諸国の繁栄の証であった．同時に地球科学にとっては，地球が丸いことを実感し，証明する画期的な発見でもあった．大航海時代とその後は，スペインとポルトガルの海上主導権争いが始まる．特に黄金郷，エルドラドを求めて中米から南米にかけての探検と，忌まわしい侵略とが始まる．英国のキャプテン・ドレイクはスペインの無敵艦隊を破り，その結果，スペインやポルトガルにかわって今度は英国やオランダが海上の主導権争いに台頭してくる．英国のキャプテン・クックは3回の航海で，ニュージーランドや南半球の多くの島々，ベーリング海峡を発見する．

その後，大きな地理上の発見はなく，海洋の探検は両極域や太平洋の島々などが標的であった．19世紀より前の時代の探検は，海洋の研究というにはほど遠いが，航路の確保や海流，気候，船の位置決めのための機器開発などに関する経験が次の世代へと引き継がれていったことで意味があった．

近代的な海洋の研究は19世紀になって初めて行われた．それを先駆的に担ったのは英国である．以下に述べる「ビーグル号」の航海と「チャレンジャー号」の航海であった．

8-2-2　ビーグル号の航海（1831/12/27 ～ 1836）

ケンブリッジ大学を卒業したばかりの若いダーウィンは，植物学者ヘンズロー教授から世界一周航海に行ってみないかと勧められる（図8-1）．この航海の記録は，彼自身の本『ビーグル号航海記』に詳しく書かれている．ダーウィンはいろいろな大陸や島々に上陸して，生物や地質など博物学的な観察と記載を行い多くの標本を採集した．例えば，彼は大西洋に浮かぶセントポール岩礁がかんらん岩からなることを『ビーグル号航海記』に書いている．彼は火山や岩石にも造詣が深く，上陸地の周辺の地形や生物やその他目で見たすべてのことに関心を示し，それを書き留めている．後に生物の進化に関して革命的な本『種の起源』を1859年に発表した．ダーウィンの仕事のうち地球科学に関係する最大の貢献は，彼の地球科学の三部作といってもいい，『サンゴ礁の構造と分布』（*The Structure and Distribution of Coral Reefs*, 1842）とその成因について，『南米の地質』（*Geological Observations on South America*, 1846），そして『火山島の地質』（*Geological Observations on the Volcanic Islands*, 1844）である．これらの本はいずれも30代に書かれた著書で，2年ごとに出版されているのは驚くべきことである．

ビーグル号の航跡は，実は全部南半球であるが多くの時間を熱帯や亜熱帯に費やしている．そしてそこには多くのサンゴ礁が分布している．『ビーグル号航海記』の第20章には，インド洋のキーリング島（ココス諸島）のサンゴ礁の記載がいくつかのスケッチを加えて詳しく書かれている．また彼は『サンゴ礁の構造と分布』という本を書いているがこれは地球科学に関係した大きな研究成果であった．

図8-1 ダーウィン
若き日のダーウィンの肖像画.

ビーグル号は南米に長くとどまっていたために彼は南米の東海岸や西海岸に上陸して南米大陸の地質についても当時誰よりも多くの知識を得ていた．それを著したのが『南米の地質』であった．東海岸と西海岸の段丘の高さの計測や，東西地質断面のスケッチが盛り込まれている．そして，ガラパゴスをはじめ多くの火山島を訪問しているが，島々で観察された溶岩の地形や岩石について記述したのが『火山島の地質』であった．火山岩のスケッチや火山の地質断面などが書かれている．

ダーウィンのサンゴ礁の成因に関する考えはすでに第6章で説明しているのでここでは繰り返さない．

8-2-3 チャレンジャー号の航海（1872/12/21 ～ 1876/5/24）

「ビーグル号」の航海から40年ほど経った頃に世界で初めての本格的な海洋研究が始まる．多くの研究者は「チャレンジャー号」（HMS Challenger）の航海こそ，海洋研究の草分けであるとしている．18世紀の終わり頃，デンマークの博物学の研究家のミューラーがカキをとるために，ドレッジというものを発明し，19世紀の初めにはこれを改良したものを用いて海底から生物がたくさん採集された．フォーブス（Edward Forbes）は水深が深くなるにつれて生物の種の数が減少することに着目し，水深300ファザム（480 m くらい）ほどで生物が全くいなくなる「無生物帯」（アゾイック；Azoic）の存在を提唱した．チャレンジャー号は当時大議論になっていた生物学の諸問題，つまり，「深海には生物が棲むのか否か？」「ハックスリーの白亜の連続」「生物と無生物の間を結ぶ「バチビウス」の正体はいったい何なのか？」などをテーマに世界一周の航海に出掛ける．

この航海には42歳のウミユリの研究家，エジンバラ大学のトムソン教授（Charles Thomson）を団長とする5人の専門家が乗船した．内訳は博物学者4名，化学者1名である．まず研究者最年長のジョン・マーリー（John Murray）は31歳の博物学者．名門の出のモーズリー（Henry Moseley）は28歳の博物学者．ブキャナン（John Buchanan）は28歳の化学者．彼は生物と無生物の間を結ぶ「バチビウス」の正体が単なる化学反応の生成物であることを突き止める．そして独り外国からドイツの博物学者ビレメースーズーム25歳が乗船した．団長以外はほとんどが若い優秀な研究者であった．ビレメースーズームは航海途中，28歳で病気で亡くなるが，他の4人はその後も海洋研究に大きな影響を与えている．特にジョン・マーリーは後世に残る「チャレンジャー・レポート」の作成に大きな貢献をした．30代前半と20代後半の若手乗船研究者にとって，5年にもわたる大航海に乗船できるという夢のようなことであった．

この航海はビーグル号の航海と違って南半球にも北半球にも調査の足を伸ばしている．航海は全行程68,890マイル（約11万km）を走行し，可能な限り等間隔に362の地点でさまざまな測量，ドレッジを行って，海底の堆積物，岩石，マンガン団塊，生物の採集，海水の温度測定や海水の採集を行っている．それらの成果は「チャレンジャー・レポート」に収められている．チャレンジャー号は明治8年（1875年）4月には横浜にも立ち寄っており，乗組員は明治維新直後の新しい日本の休日を楽しんでいたりする．船は横須賀へ回航し横須賀造船所で船体の修理を行っている．研究者のためのレセプションが開かれたり，明治天皇に拝謁したり，日本近海での調査を行ったりしている．

ジョン・マーリーが18年間にわたって心血そそいで完成した「チャレンジャー・レポート」は全50巻，本文3万ページ，図版3,000以上にのぼる．そしてこのレポートは現在でもなお海洋研究のバイブルとして世界中の研究者に愛読されている．

8-3　地球科学の考え方の変遷

地球科学は18世紀に新しい学問として誕生した．その中心は南ドイツのフライブルク鉱山学校であった．そこの教授であったウェルナー（A. G. Werner）は，水成論（neptunism）という考えを提案した．地球上のすべての岩石は海洋に沈澱してできたというものであった．それに対して水成岩以外にマグマによってできた岩石があることを提案したのがスコットランド・エジンバラのハットン（James Hutton）であった．彼は有名なハットンの不整合の発見者でもある（図8-2）．水成論に対して玄武岩はマグマが冷却してできたとする火成論（plutonism）を主張した．ライエル（Charles Lyell）は過去に起こった地質現象は現在も同じような過程で形成されるという斉一説（uniformitalianism）を『地質学原理』という本に書いている．この本はダーウィンの進化論に大きな影響を与えた．斉一説は天変地異説に相反する考えである．

8-3-1　地向斜造山運動—動かざること大地の如し

19世紀には山脈は地球の収縮によってできたとするジュース（E. Suess）の考えがあった．彼は『地球の相貌』という膨大な本を書きその中で山脈は地球の収縮によってできるとした．リンゴの皮が乾燥によって収縮すると表面に皺ができるというのがそれに相当するだろうか．それに対して主として米国の地質学者ホール（J. Hall）やデーナ（J. D. Dana）によって「地向斜」（geosyncline）という考えが生まれてきた．堆積物がたまり放題にたまった沈降帯がやがて上昇に転じて山脈を作る，という考えである．

図8-2　ハットン
ハットンの不整合で有名なハットンの肖像．

アパラチア山脈を調査していたジェームス・ホールは同じ時代の地層が山脈の近くにくると著しく厚くなることを見出し，それらの厚い堆積物をためる場として地向斜

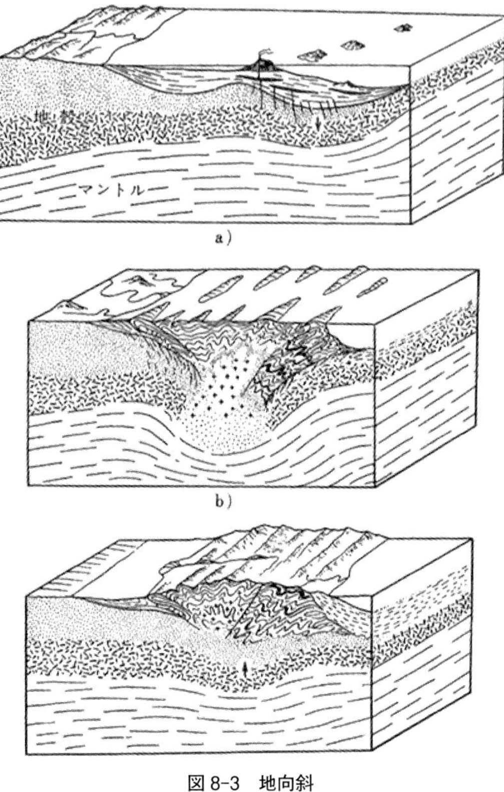

図 8-3　地向斜
垂直運動で説明する地向斜のモデル．（藤岡，2012）

というものを考えたのである（図 8-3）．

8-3-2　大陸を動かした男，地球科学のガリレオ—アルフレッド・ウェーゲナー，それでも大陸は動く

1912 年，ドイツの気象学者アルフレッド・ウェーゲナー（Alfred Wegener）は大陸は移動しているという考えを発表した．当時の地球科学者たちは大地は動かないものと信じていた．したがって彼の考えはいかにも奇抜で，天文学のコペルニクスやガリレオのように多くの人々の反発を買った．ウェーゲナーは『大陸と海洋の起源』という本を 1915 年に出版し，大陸移動説を力説した．

2015年はちょうどそれから100年であった(図8-4).

日本では大陸移動については寺田寅彦の「日本海の成因」の論文や，大正12年(1923年)に日本天文学会で行った講演がある．また北田宏蔵の『大陸漂移説解義』が大正15年(1926年)に，古今書院から出版されている．また昭和6年(1931年)に出版された望月勝海の『地質学入門』には大陸移動説が紹介されている．しかしこのような考え方は，大正から昭和の初め頃にはごく一部の先駆的な研究者にしか浸透しなかった．

図8-4　ウェーゲナー
大陸移動を提唱したウェーゲナーの写真.

以下はウェーゲナーが集めた当時の多くの情報から，大陸が動いたとするほうがいかに多くの地球科学的な現象を簡単に説明できるかを取り上げてみた．

(1)　地形や地質の証拠

まずは地形である．地図帳を引っ張り出してアフリカ大陸の西と南米大陸の東の海岸線の形を見ると，その類似性に改めて驚く．私たちは太平洋を中心にして描かれた地図を見慣れているので気が付きにくいが，大西洋を中心にしたヨーロッパの地図を見ると，海岸線の類似性は明らかで，ほとんど議論の余地がない．こういう考えがヨーロッパからたやすく出てきたことはうなずける．海岸線は，例えばブラジルで東に出っ張っているところは，中央アフリカでのギニア湾で凹んでいるといった具合に，実際地図を鋏で切って合わせて見ると，ほとんどぴったりと重なり合うことがわかる．ウェーゲナーはまずこのことに注目した．海岸線の形はその後水深1,000 mの等深線で合わせるのが最もよく合うことが確かめられた．また大陸をはめ合わせると，重なる部分と足りない部分のあることもわかってきた．重なるところは大陸が分かれてから火山活動などで陸地が増えたところ，足りない部分は侵食で削られたところであった．また，ウェーゲナーはもし大陸がもともとくっついていたとすれば，その時代より古い構造，例えば褶曲山脈や先カンブリア時代の楯状地などは，大陸をもとへ戻せばぴったり合うはずであると考えた．実際，古生代にできたカレドニア造山帯と呼ばれる造山運動でできた山脈や楯状地はぴったりと重なる．

(2) 海を渡れなかった生物たち―古生物学的証拠

古生物学ではアメリカ大陸やアフリカ大陸に棲んでいた海を渡ることのできない生物の進化に関する研究が進んでいた．専門家は何の疑いもなく「陸橋」(land bridge) という概念を導入して生物の進化を説明していた．「陸橋」とは横断歩道橋のようなもので，道路を横切る細く長い橋のようなものだが，このようなものが大陸と大陸との間の橋渡しをしており，海を渡れない生物はここを通って互いに交流していたとするものである．そして，この陸橋は，あるとき突然切れてそれより新しい時代には生物はもはや交流ができなくなり，独自の進化の道を歩んだとする考えである．しかし，事実が積み重なるにつれて，さまざまな大陸の間にいろいろな時代にこの陸橋を設定しなくては生物の進化が説明できなくなってきた．このような考えはいわば古生物学にだけ都合の良い考えであって無限に陸橋を導入すればよい．しかし，そうするといつでも都合の良いときに都合の良い場所に陸橋を無限に，生物の数だけ導入しなければならなくなってしまう．ところが，大陸移動説に従えば，いっさいこのような陸橋を導入する必要がないのである．何故ならばもともと大陸はくっついていたので生物は海を渡らずに自由に両大陸を行き来できたからである．

陸橋は，それがいかに細長くても海面から顔を出している以上，地下には厚い地殻がなければならない．地殻を作っている物質があるとき海面下に没するような現象が起こらなければならない．軽い地殻が，重たいマントルに沈む機構を説明するのはきわめて困難である．こういうことを考えてみれば陸橋説はやはり難しい．

(3) 氷河の跡―古気候学的証拠

ヒマラヤ山脈やアンデス山脈のように高い山には山岳氷河が見られる．雪線より上では夏でも雪が溶けず，雪の圧密によりやがて氷となる．氷は次第に厚みを増してやがて大きな氷河に発達する．山岳氷河は1年間に1m程度のゆっくりとした速度で流動して山の麓まで降りてくる．麓の気温は高山より高く，気温が高くなると氷河は溶ける．氷河は移動するときに周辺に存在するいかなる岩石をも破壊してその中に取り込む．また氷河の底では接している岩石にひ

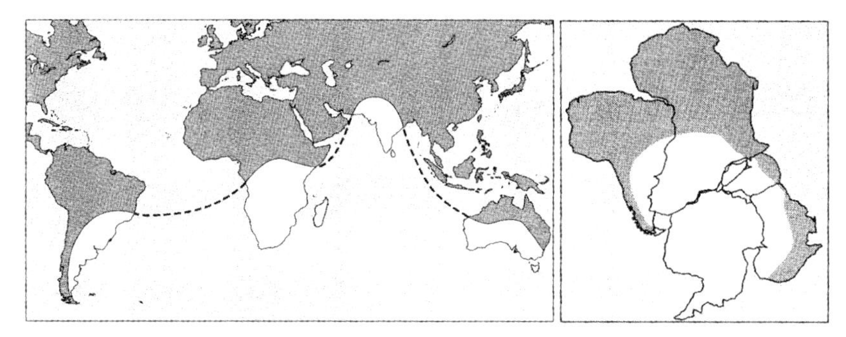

図 8-5　氷河
氷河の分布は大陸を元に戻すとうまく説明できる．（藤岡，2012）

っかき傷を付ける．氷河が溶けると，その中に含まれていた礫はもはや運搬されずに氷河の末端に残る．これを氷堆石（ひょうたいせき）（モレーン；moraine）という．氷堆石の年代と分布や氷河の底に残されたひっかき傷から過去の氷河の存在跡や移動方向などを復元することができる．ウェーゲナーは，今から 4 億年ほど前の石炭紀に発生した氷河の跡を調べた．石炭紀の氷河の痕跡の分布はインド，オーストラリア，南アフリカ，南極など広い範囲にわたる．このような氷河の痕跡の分布はいったいどのようにして説明するのであろう．

大陸を今のまま考えると広域的な氷河の分布は到底説明できない．大陸を一つにまとめると，南極を中心にした氷河の分布が説明される．その際インドは南半球になければならない（図 8-5）．

8-3-3　マントル対流を考えたアーサー・ホームズ

ウェーゲナーはこのようなさまざまな証拠を集めて「大陸移動説」を提唱し，その本は 4 回も改訂された．当時の地球物理の研究者は，彼の考えを魅力的だとは思いながらも，大陸を動かす原動力に疑問を抱き，ウェーゲナーに説明を求めた．しかしウェーゲナーはいろいろな力を考えたがどれも多くの地球物理学者を説得するものではなかった．彼は 1929 年に米国のオクラホマ州のタルサで行われた，全米地球物理学連合（American Geophysical Union）の会議でも大陸移動説を主張したが，地球物理学者を納得させることはできなかった．その翌年，彼は年来の研究のためグリーンランドへ高層気象の調査に出掛け帰ら

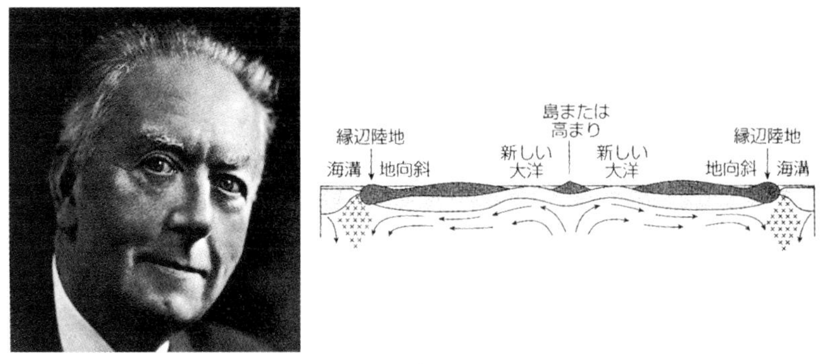

図 8-6 ホームズとマントル対流
ただ1人ウェーゲナーを支持したホームズと彼の提案したマントル対流説.（藤岡，2012）

ぬ人となったのである．こうして大陸移動説はウェーゲナーの死とともに滅び去ったかに見えた．

地球物理学者の中でただ1人，ウェーゲナーの考えを支持していたのが，英国はエジンバラ大学のアーサー・ホームズ（A. Holmes）であった．彼は地球内部のマントルは温度が高く，ここで対流が起こっており，対流の湧き出し口には地下から物質が上がってきて，沈み込み口では逆に物質が地球の内部に沈み込み，その対流に乗って大陸が受動的に移動するのではないかと考え，彼の著書『一般地質学』（*Principles of Physical Geology*）に書いている．後にこのモデルが生きてくるのである（図8-6）．

8-3-4 移動する磁極

この頃，地球の磁場に関する研究が特に英国を中心に盛んに行われていた．地磁気に関する問題には二つの側面があった．一つは磁極の移動である．現在の磁極は北極と南極の二つあるが，この位置が地質時代とともに移動することがわかっている．地磁気の原因は地球内部の核にある．特に深さ2,900～5,100 kmにある外核は，流体でできているらしいことは，地震波の研究からわかっていた．地震波の横波が通らないのである（流体は横波を通さない性質がある）．また，地球の質量からこれがニッケルや鉄の合金からできていることも指摘されている．地球の自転に伴ってこの粘性の大きい流体も移動回転するが，外核に発電作用（ダイナモ）が形成されることが指摘されている．

極の移動は岩石に残された磁気の性質から求められる．岩石の年代はその中に含まれるカリウムやアルゴンから求めることができる．また，岩石，特にマグマからゆっくり冷える火山岩は，大なり小なり構成鉱物として磁鉄鉱を含んでいるが，磁鉄鉱はマグマから晶出して結晶になるときに，そのときの地球の磁場を記憶する性質がある．磁鉄鉱が結晶になる温度は，通常は570℃位で，これを発見者にちなんでキューリー点（Curie point）と呼んでいる．ヨーロッパ大陸のさまざまな時代の岩石から，磁北極の位置を決めていくときれいな1本の軌跡が描かれた．これは極移動の軌跡である．ところが，アメリカ大陸からも同様にさまざまな時代の磁北極の位置を決めてやることができる．するとヨーロッパで決めた軌跡とアメリカで決めた磁北極の位置の軌跡は互いに異なって見える．さて困った．

地球の外側には磁気圏が発達している．それは磁力線が南極から北極に流れているからで，オーロラの原因になっている．磁石の成分には3成分あるが，

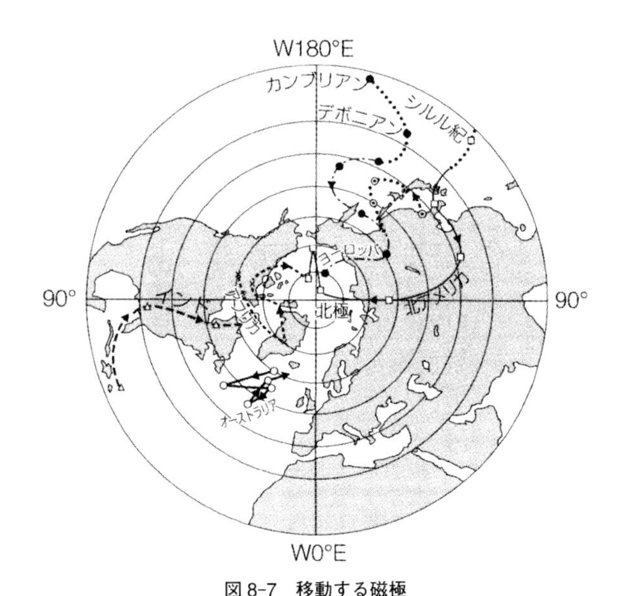

図 8-7　移動する磁極

北極が移動する軌跡は各大陸で決めると異なるが，大陸を一つにするとただ一つの軌跡になる．（藤岡，2012）

それらは水平2方向と鉛直方向の成分である．鉛直成分は地球の中心に向かう力となるが，おおむねその測定点の緯度に近い角度になる．このことを使うと，過去の岩石の磁気的な性質から，その岩石を含む岩帯がおよそどのくらいの緯度の場所にあったかを知ることができる．これを古地磁気学といっている．地球の磁場は岩石中に残されているが，特にマグマから形成された火山岩は，その中に磁鉄鉱を含んでいるために磁気的な強度が強く，研究しやすい面を持っている（図8-7）．

8-3-5 インドは南極から離れて北へ走ってユーラシア大陸にぶつかった

1950年代に英国の古地磁気の研究者はインド西部の洪水玄武岩でできたデカン高原を研究していた．かつて英国はインドを植民地としていたため，多くの研究者がインドを研究していた．岩石の磁気を研究しているグループは，デカン高原の玄武岩の古地磁気に着目した．ここでは白亜紀の地層から100枚以上の溶岩が存在することが知られており，それらの地磁気が測定された．この結果，古い時代の地磁気の鉛直成分はマイナスの成分を持つことがわかった．すなわち南半球を示していたのである．また，現在に近いものも今よりは低い緯度を示していた．

極の移動の軌跡がアメリカとヨーロッパで異なることと，インドのデカン高

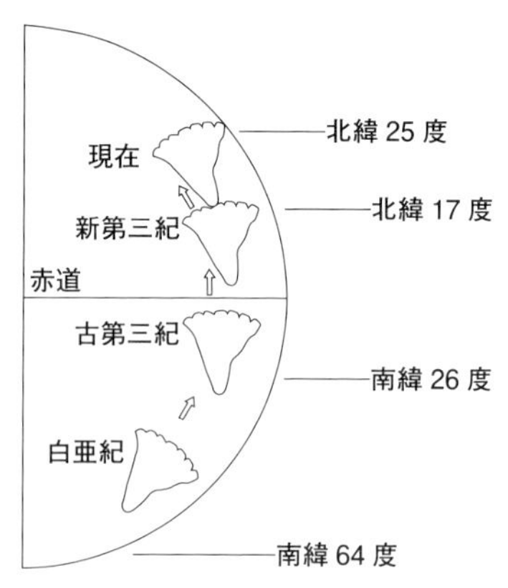

図8-8 インド
インドは南極から分かれて北上しユーラシア大陸にぶつかった．（藤岡，2012）

原の玄武岩の磁気伏角の問題は大陸を動かすことによって簡単に解決する．実際，驚くべきことにヨーロッパとアメリカの極移動の軌跡は，ウェーゲナーの提唱する大陸移動にしたがって大西洋を閉じるように大陸を動かしてみると，ぴったりと一致することがわかった．またインドのデカン高原で観測された伏角の観測値は，インドを現在の南極大陸の位置から切り離して少しずつ北へ移動させればきれいに説明できる．そしてインドが最終的にはユーラシア大陸にぶつかって，世界の屋根であるヒマラヤ山脈が形成されることになり，ヒマラヤはインドが衝突した 50 Ma 頃より新しいことになった．英国の古地磁気研究者はアーサー・ホームズの書いた地球科学の教科書を使って勉強していたのである（図 8-8）．

8-3-6　大陸移動説の劇的な復活

魅力的な大陸移動説はウェーゲナーの死後 20 年ほど経ってにわかに復活したのである．地球は南北二つの極を持つ双極子磁場を形成する．このことは疑う余地はない．ところがもし大陸移動説を受け容れないとするならば，地磁気に見られた観測結果をどのように説明したらよいのであろうか．多極磁場，単極磁場など双極子以外の磁場を仮定すればあるいは説明できるかもしれない．しかし，地球がその形成の当時から現在見られるような 3 層構造を持っていたとすれば，また地磁気の成因が核，特に外核にあるとすればほとんど一義的に，双極子磁場以外には大陸と海洋の分布を説明しようがない．すなわち大陸は移動しなければならないのである．

8-4　海底の大山脈，中央海嶺の発見

1950 年代は地磁気の研究のほかに海底の研究にも目覚ましい発見があった．最も顕著なものは，大西洋中央海嶺の発見である．ヒーゼンとその共同研究者たちは海底の地形を調査していた．これは海底に数多くの海底ケーブルを敷設するために，詳しい海底地形の調査が必要であったからである．

海底の研究があまり進んでいなかった頃，海の深さは海岸線から遠ざかるほど深くなると考えられていた．また深海底は海洋の誕生以来全くいかなる変動

も受けていない（海洋底恒久説）と考えられていた．この説は驚くことに海洋底拡大説を提唱したヘスも支持していた．しかしこれらのことが根底から覆される事件が起こったのである．

ヒーゼンとサープは北大西洋を横断する方向で水深を求めた．彼らは海の深さは確かに海岸線から離れると深くなるが，大西洋の真中あたりに来るとだんだん浅くなってくることに気が付いた．そして一番浅い部分を通るとまた深くなり，ヨーロッパに近づくとまた浅くなることを突き止めた．すなわち海底は大西洋の真中で浅く，水深分布は大西洋の真中を軸として対称的になっていること，大西洋の真中に比高 2,000 m 以上の山があり，その真中に深い谷（中軸谷）のあることを発見したのである．彼らは，このような地形は東アフリカにある大地溝帯の地形ときわめてよく似ていること，そこには大地を引き裂くような力が働いていることを指摘している．

8-5　深海の研究から生まれた地球詩

ハリー・ハモンド・ヘスは岩石学者で，日本の久野久と同様に輝石の研究を行っていた．彼は米国のスティルウォーターの貫入岩の研究を行い，マグマが冷却するときにどの鉱物から順番に晶出するのかを研究していた．また彼は潜水艦や軍艦に乗って海底の重力の測定を行ったり，マリアナ海域の地形の研究などをしていた．頭の平らな海山，ギヨーを発見したのも彼であった．

海軍出身のロバート・ディーツ（R. Dietz）はフルブライトの研究者として 1950 年代に日本の水路部（当時）にも来ている．彼はカナダの有名なサドバリー鉱山が隕石の衝突によってできたマグマの産物であることを唱えたほか，ハワイ-天皇海山列の提案等を行っている．私が東京大学海洋研究所の助手をしていたときに，研究所にもディーツは 1 年間滞在していた．台風のとき職員はすべて帰宅してよろしいということになったが，ディーツは何とワインを片手に私の部屋にやってきた．台風何するものぞとシャンペンを抜くと蓋が飛び出して蛍光灯が割れるというハプニングが起こった．「外の台風より中のほうが危険だね」などと冗談を言い合っていた．

彼はヘスとほとんど時を同じくして海洋底の拡大を唱える．1961 ～ 1962 年

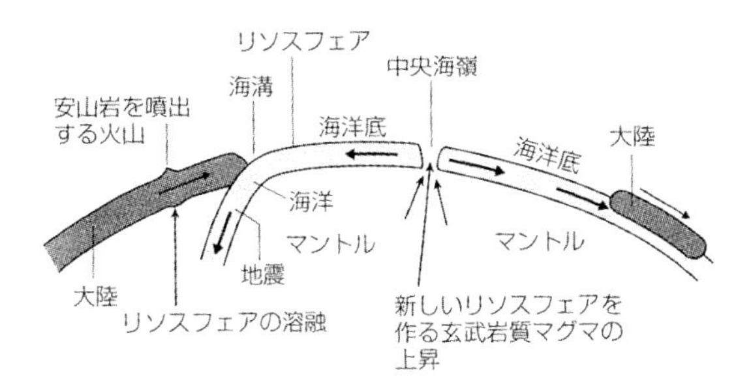

図 8-9　海洋底拡大
海嶺で生まれた海洋底（プレート）は海溝で沈み込んで消滅する．（藤岡，2012）

のことであった．これはホームズのマントル対流と基本は同じであるが，海洋底は海嶺で常に更新されるということを提案している．海底は海嶺で新しく生まれ，生まれた分だけ海溝でなくなるというきわめて単純な考えで「海洋底拡大説」と呼ばれている．

ヘスもディーツもともに，海嶺で新しい海洋底が形成され海溝でそれらが地球の内部へと返っていくために，海洋は常に更新されており古い海底は存在しないことを提案している．特にヘスは，こんな夢のような話が科学的な論文にはならないだろうと思って自分の論文に地球詩（geopoetry）という副題を冠している．話があまりにうまくいくために自分自身でも容易には信じられなかったのであろうか（図 8-9）．

8-6　地磁気の縞状異常とテープレコーダー

ヘスとディーツによる「海洋底拡大説」が提唱されてまもなく，海嶺に対称に分布する地磁気の正逆の異常のパターンを説明する試みがなされた．中央海嶺は主に玄武岩でできている．玄武岩は輝石や長石のほかに磁鉄鉱という鉱物を含む岩石である．磁鉄鉱の持つ磁気的な性質についてはすでに述べた．海嶺で現在形成されている玄武岩は，現在の地球の磁場と同じ方向に帯磁するが，70 万年より古い玄武岩は逆の方向に帯磁している．海嶺がテープレコーダーのヘッドで，拡大する海洋底がテープだとすれば，地磁気の縞模様はきれいに説明できるのである．このことを提唱したのはバインとマシューズで 1963 年のことであった．このテープレコーダーモデルの提唱の後に，海洋底の年代が地磁気の縞模様の解析によって次々と決められていった．そして海洋底には，ジュラ紀の今から 1 億 8 千万年より古い海洋底が存在しないことが明らかになった．海洋底の拡大は，同時に古い海洋底を地球の内部へと持ち込むためである．その場所が海溝である．

8-7　プレートテクトニクスの提唱

モルガン（W. J. Morgan），ル・ピション（X. Le Pichon），マッケンジー（D. P. McKenzie）などの若い米国の地球物理研究者は，1967 年頃，世界の地震の起こり方に着目した．地震は発生する場所が決まっている．海嶺と断裂帯と海溝である．地震には 60 km より浅いところで起こる浅発地震，300 km より深いところで発生する深発地震がある．これらを地図の上にプロットすると次のようなことに気が付くであろう．地球上のさまざまな地域を地震の起こるところと起こらないところとに区分することができる．つまり，地球は地震の起こる地域によって起こらない地域が囲まれてしまうのである．地震が起こるのは地殻やマントルが弱いから破壊が起こるわけである．地震の起こらないところはいわば硬い剛体のように振る舞っているのであろう．

そう思って見ると，地球の表層は約 10 個の硬い，剛体的に振る舞うブロックに分かれる．それぞれのブロックのことをプレートと呼ぶ．プレート同士の関係には「離れる」「すれ違う」「衝突する」の 3 種類あり，これらの相互作用によって，地震や火山，造山運動など，地球科学現象のほとんどが説明できるというのがプレートテクトニクスである．プレートの平面の境界は地震の起こるところすなわち，海嶺，断裂帯，海溝である．では鉛直方向の境界はどこだろうか．それは岩石の溶け始めるところ，すなわち岩石の固相線で定義できる．

8-8　新しいパラダイム，プルームテクトニクス

プレートテクトニクス理論ではプレートは変形や破壊をしない「剛体」であ

るとしている．しかし実際にはプレートは変形したり破壊したりする．今までは地球上のかなり多くの事柄がプレートテクトニクスで説明されてきた．しかしプレート自身が変形・破壊したりすることや，プレートを動かすのは何かといった問いに答えるには，新しい地球観が必要である．20 世紀の終わりになってこの新しい地球観が胎動し始めている．それは「プルームテクトニクス」と呼ばれる新しいパラダイムである．これには多くの日本人研究者が先駆的な仕事をしている．当時名古屋大学に所属していたり関係のあった丸山茂徳や深尾良夫たちが中心になっていた．

核とマントルの境界付近から高温で軽い，巨大な上昇体「ホットプルーム」が上昇してくる．一方では海溝から冷たく重たいスラブが地球の内部へと沈み込んでいって，ついには核とマントルの境界まで落ちていく．これが「コールドプルーム」である．プルームテクトニクスとは，このような温度や密度の違う物質がマントル全体にわたって循環していること，それによって表層のプレートが動くという考えであり，現在まだ必ずしも定説にはなっていない．しかし，従来のプレートテクトニクスでは説明できなかった海山や海台の成因を見事に説明している．また，プレートテクトニクス説では地球の表層 100 km 程度の現象しか扱っていなかったのが，核まで含んだ全地球のダイナミクスを扱うことになる．

マントルの対流は以下のようにある周期で起こっており，それにつれて大陸が移動してまた集まるという輪廻のような考えを提案したのはトランスフォーム断層を提案したツゾー・ウィルソンであった．これをウィルソンサイクルと呼んでいる．

超大陸はその下から巨大なホットプルームによって分裂され移動していく．現在でいえば東アフリカリフトゾーンのように地割れが起こり火山活動は発生しリフトには水がたまって湖ができる．やがてマグマが出てきて海洋地殻が形成されると紅海のような海になり，やがてアデン湾のような形になり現在の大西洋のような大きな海が形成される．これが続けばプレートによって引っ張られて大陸が今度は反対側に集まり始めてまた超大陸を形成するという考えである．この超大陸はまたプルームによって引き裂かれ同じようなプロセスで移動していくというものである．多くの研究者はウィルソンサイクルを認めており

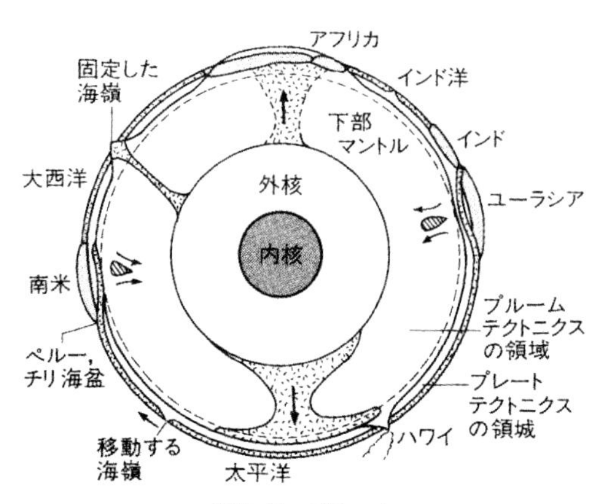

図 8-10　プルーム
プルームテクトニクスのモデル. (Maruyama, 1994)

その周期は3億年ほどであろうと見積もられている. そのような超大陸は現在のパンゲアの前には「ロディニア」「ヌーナ」などと名前が付けられている. また今の大陸移動が続けば2億年ほど後には日本列島の近くにすべての大陸が集まるであろうことも予想されていて, その名前はすでに「アメイジア」と名付けられている (図 8-10).

8-9　異文化コミュニケーション

地球科学の大きな変革には天体物理学からのアプローチがあった. 例えば, 恐竜の絶滅の説明に彗星 (隕石) の衝突という現象を導入したことである. 米国地質調査所のアルバレス (Alvalez) 親子は, 白亜紀の終わりに出現する黒い薄い層の中に地球の表層にはほとんど存在しないイリジウムやオスミウムという重い元素が1万倍も濃集していることを突き止めて, その起源を地球ではなくて隕石に求めた. そして白亜紀の終わりに恐竜が絶滅した原因として, 直径10 km ほどの隕石が地球に衝突して, 地球の環境が激変したために起こったと考えた. 現在では多くの研究者が隕石衝突のシナリオを認めている. このように従来扱っていなかった他の分野からのアプローチはきわめて重要で, 今まで見えなかった地平線の向こうが見えてくる. 今後はこのような考えを検証し地球科学のパラダイムにする努力が必要である．

まとめ

地球科学の原理ともいうべきものを水成論から始まってプルームテクトニクスまでレビューした．垂直変動である地向斜から水平変動である大陸移動までは大きな変革であった．海洋の研究から海洋底拡大説が提案され，地震の研究からプレートテクトニクスが生まれた．全地球ダイナミクスからマントルの温度分布が詳細にわかり，マントル全体を動かすプルームテクトニクスが生まれてきた．地球の原理は地球だけでなく天体現象でもあるが，そのようなほかの惑星や星の影響を受けた絶滅や環境の変化なども議論できるようになってきていて，新しいパラダイムの誕生が待たれる．

終章　プレートに乗って地球を一周

終章は読み物として読んでいただきたい．名付けて「陸行水行」である．これは松本清張の短編小説と同じ題名である．魏志倭人伝に出てくる邪馬台国への行き方の話であるが，ここでは世界一周してみる．

フランスのSF作家，ジュール・ベルヌの『八十日間世界一周』（*Le Tour du Monde en Quatre-vingts Jours*）が出たのは1873年（明治6年）のことであった．この小説ではフィリアス・フォッグが80日間で世界一周を達成する．

その16年後，2人の米国人女性記者が1889年（明治32年）に80日間世界一周に挑戦した．ネリー・ブライは東回り，エリザベス・ビズランドは西回りであった．それにしても125年以上前に女性が1人で世界一周とは．

我々も，潜水調査船などによって海底歩行や陸上歩行で，東回りで地球を一周してみたいと思う．なぜなら東回りなら，フォッグ君が勝利を得たように1日得するからである．原稿の締切にも1日の余裕がある．東京から，大津波からの復興著しい仙台へ出て，ここから真東へと地球一周したらいったい何が見えるだろうか？　あれから2016年3月11日でまる5年になる．

図9.1の地図は木戸ゆかりによって描かれた地球の断面である．仙台からは真東に地球をぶった切ったらどこを通るだろうかという図である．

仙台からまず日本海溝を経て，シャツキーライズ（Shatsky Rise）の上を通りハワイへ向かう．ハワイから東太平洋海膨を越えてチリ海溝へ．アンデス山脈に登ってブラジルのパラナ盆地へ．ブラジルの海岸から南大西洋の中央海嶺を越えて，アフリカ大陸はナミビアへ入る．そこから東アフリカリフトゾーンを越え，インド洋の中央インド洋海嶺を経てインドに入る．デカン高原を越え，

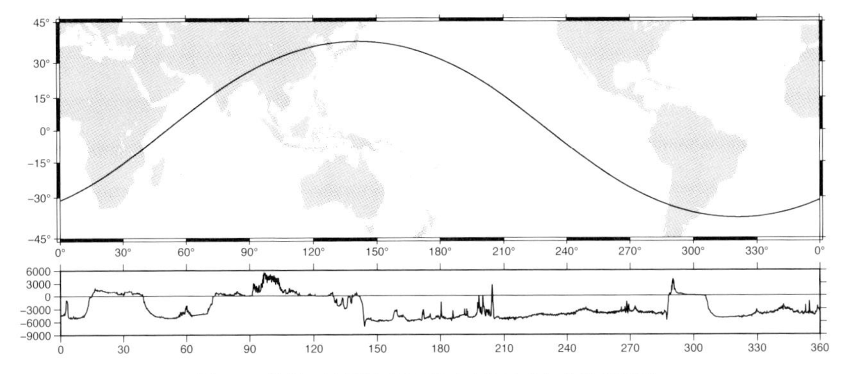

図 9-1 世界一周行程（木戸ゆかりによる）と地形断面
仙台から真東に行くといろいろなプレートを横切っていくことになる.

その後はヒマラヤ山脈に登り，中国，韓国を経由し，日本海を渡って秋田へ．秋田からは東北日本弧の火山フロントを越えて仙台へ戻る．地球一周 2 万マイル，4 万 km の旅になる（図 9-1）．

仙台〜日本海溝

仙台から東へ行くと狭い大陸棚を越えて，日本海溝の陸側斜面を下り日本海溝の底へと到達する．海溝陸側斜面には，化学合成生物であるナギナタシロウリガイの大群集が出迎えてくれる．周辺の岩石は著しく変形，破砕し，炭酸塩の脈などが見られる．地滑りや斜面崩壊の堆積物なども見られる．かつて存在した世界最大級のシロウリガイ群集は 1994 年の「三陸はるか沖」の地震による地滑りで埋まってしまった．陸側斜面は大なり小なり海側へ開いた馬蹄形の地形を呈している．最大は八戸沖のもので，水深 1,000 m から 7,400 m まで及んでいる．現在沈み込みつつある第一鹿島海山でもその陸側斜面はえぐられている．これは日本海溝の陸側斜面全体に見られる大崩壊の跡である．コスタリカの西海岸にも同様な崩壊が見られる．

日本海溝はテクトニック侵食で，どんどん削られるタイプである．これはヒルデやボン・ヒューンが唱えた説で，沈み込む太平洋プレートが日本海溝で沈み込む前に曲げられて膨らむ．その結果，地塁・地溝構造ができ，その凹地に陸側の地層がはまり込んで地下深くへ持ち去られ，侵食されるというモデルである．テクトニック侵食という考えは，はじめ，カーリグが，陸上の構造が海溝で切られることから指摘した．テクトニック侵食はどちらかといえば岡村行信モデルのように，海山の沈み込みによって起こるようである．海山は地震のアスペリティになるという金森博雄のモデルもある．ここで2011年3月11日にM = 9.0の地震が起こった．海底が24 m隆起し，50 m以上水平移動した．

海側斜面のプチスポット　日本海溝の底を越えていくと海側斜面の太平洋プレートの上の地塁・地溝構造の上には小海丘がいくつも見られる．そのうちの一つは，フランスの「ジャン・シャルコー号」の地形調査によって見つかったものである．その海丘を「しんかい6500」で潜ってみた．玄武岩の小丘でがさがさの玄武岩の礫が少し堆積物に埋まっている．ここから得られた玄武岩の年代はプレートの年代よりはるかに若い．そのために太平洋プレートの上でできたもので小さいので，当時筑波大学の学生であった平野直人によって「プチスポット」と呼ばれた．今まで誰にも知られていない新しい火山活動の発見であった．

地塁・地溝の地割れの中からマネキンの首が見つかったが，地割れは3.11の地震でできた地割れと同様のもので，1933年の昭和三陸地震でできたものと解釈した我々の説は正しかった．

日本海溝〜ハワイ

日本海溝からハワイまでの間には平坦で広大な深海平原が広がっているがたくさんの海山や海台にも出会う．その中で最大のものが日本から1,500 kmほど東へ行ったところにあるシャツキーライズである．これは日本列島の5倍もの面積（190万km^2）を持つ海台で，タム（TAMU；Texas A & M University），オリ（ORI；Ocean Research Institute, University of Tokyo），シルショフ（Shirshov）の三つの主なピークを持つ．米国，日本，ロシアの共同研究であったために，それぞれの研究所の名前を付けている．水深は浅いところでは200 m以浅であるが，周辺の海底は5,500 mもある．シャツキーライズはオントンジャワ海台に次ぐ世界で2番目に大きなスーパープルームで，ジュラ紀後期から白亜紀初期（150〜130 Ma）にできた海台である．

ホットスポットの島—ハワイ　ハワイのホットスポットの調査は1999年に

「しんかい6500」によって行われた．ここでは巨大崩壊，アーチ（arch）の上の新しい火山などが見つかった．ホットスポットは一番新しいハワイ島を形成してきたが，マグマはもはやハワイ島からその南東のロイヒ海山（Loihi Seamount）へ移りつつある．1985年に東リフトゾーン（East Rift Zone）のプウオオ（Puu Oo）で噴火が始まり，現在も噴火が続いている．つまり30年にもわたってマグマを出し続けているのである．その溶岩池では中央海嶺の拡大軸に起こっているような現象がダフィールドによってビデオに収められていた．海底ではハワイアンアーチという，ハワイの自重で沈んだモートの外側に地殻が盛り上がってできたアーチがあって，そこからマグマが出てくるという全く新しいタイプの火山活動が知られた．冷えた溶岩は節理をたくさん持ち，そこへ海水が入って岩石は変質を始め，やがて崩壊が起こる．ヌウアヌウ（Nuuanuu）の岩屑雪崩による崩壊では，オアフ島の東半分がなくなって，深海底の100 km以上にもわたる範囲にそれらのブロックがまき散らされた．タスカロラと呼ばれた大きいブロックは長さ20 km以上もある．これらのブロックをもとへ戻すと，オアフ島の東に別の島があったようである．ホットスポットの海山や火山島はできた端から崩壊を起こしている．

ハワイ～東太平洋海膨

ハワイを出て東太平洋海膨へ移動する間にも海山がたくさんあって，水深5,500 mほどの深海平原から水深は徐々に浅くなり，海膨の頂上では2,400 mになった．きわめて速いテンポで火山活動が起こり，海嶺でプレートが形成され，1年間に15 cmも拡大する．ここは，昔は，中軸谷はないといわれていたが，幅数百mのリフトが存在し，中は溶岩で満たされた溶岩池ができ，その表面が陥没して底には溶岩の柱（pillar）が林立している．マグマの噴出は1か所からでは間に合わないくらいで，ケン・マクドナルドによってOff Axis（軸の外側）の火山が4,000個も見つかった．これは遅い拡大の中央海嶺とは大きな違いである．

東太平洋海膨の潜航　南緯30度近辺の東太平洋海膨は年間15 cmで拡大している高速拡大海域である．ここで見られる重複拡大している二つのリッジを横断潜航した．斜面にはおびただしい枕状溶岩が何段も垂れ下がっていた．頂上を越えると小さな凹地状の構造（リフト）があり，多数の大きなチムニーが見られ，活動的なものは黒い煙を噴き出し，周辺には化学合成生物群集が見られた．重複拡大しているリッジとリッジの間は平坦な溶岩の平原（あるいは池）があってところどころ陥没していた．これは溶岩が取り込んだ水が高温で水蒸気になり爆発的に噴火して穴が開いたものと思われる．池に氷が張っているのが壊れて陥没しているような地形であった．ところどころに溶岩の柱が立っていた．海嶺と海嶺の間の凹地は大きな池のようなもので，そこに溶岩が埋積しているさまはハワイの溶岩池（lava lake）によく似ている．

東太平洋海膨～チリ海溝

ナスカプレート（Nazca Plate）はできて間もなくチリ海溝（Chile Trench）へと潜り込む．チリ海溝の南，南緯 46 度 12 分には三重点が存在する．チリ三重点（Chile Triple Junction）と呼ぶ．ここには海溝，トランスフォーム断層，海溝が 1 点で交わる．

チリ海溝　チリ三重点はチリ海溝とトランスフォーム断層と海溝という三つの要素が 1 点で交わる．そのために，ここでは海嶺と断裂帯が海溝に沈み込み，付加などさまざまな現象が起こっている．三重点での海嶺-断裂帯の沈み込みにより，海嶺やトランスフォーム断層の下のマントルが変質し，さまざまな組成を持つ苦鉄質岩ができ，それらが溶融した花崗岩類ができた．ここにはタイタオオフィオライトという世界で最も若いオフィオライトがある．ここでのオフィオライトの形成は，海嶺の衝突という現象で，カルクアルカリ（calc-alkali）花崗岩が形成されている．沈み込むプレート（スラブ）の溶融でアダカイト（adakite）ができるという単純な図式は成り立たないことがわかった．

チリ海溝～南米大陸とアンデス山脈

アンデス山脈の南のパタゴニア（Patagonia）はかつてダーウィンが「ビーグル号」で探検した．先カンブリア時代の基盤の上に島弧の火山ができて，地殻は 70 km 近くあってヒマラヤ山脈に次いで厚い．

二宮三郎によれば，三陸地方には，日本海溝で地震が起こらなかったのに大きな津波がきた例が 11 回も知られている．このうちの 1837 年の津波はダーウィンが南米で遭遇した地震の2年後にバルディビアで起こっている．1960年には世界最大の地震（M = 9.5）がチリで起こっている．チリ地震である．この地震は知られている限りで一番規模の大きいものであるが，このチリ地震以降5回のM = 9地震が世界で起こっている．その5回目が3.11である．

アンデス山脈は同時に火山活動も活発な地域である．ネバド・デル・ルイスでは火山の熱によって雪や氷河が溶けて泥流が発生し，山の麓に住む多くの人が亡くなっている．アンデス山脈はヒマラヤ山脈に次いで高い山脈であるが，基盤の先カンブリア時代の地層の上に，沈み込んだスラブから供給される揮発性成分が，沈み込まれる側のマントルに供給されてマグマができて火山を作り，それが積み上がって高い山ができている．沈み込むプレートはナスカプレートでできてすぐに沈み込んでしまうために沈み込む角度が緩くて堆積物が無理やり地下へと押し込まれるために付加体ができていく．いわゆる「チリ型」の沈み込みの代表である．これは付加体を形成するのであるが，西南日本の南海トラフや北米西岸のカスカディア（Cascadia）や中米のバルバドス（Barbados）の海溝でも同様のことが起こっている．

アンデス山脈〜パラナ盆地―大西洋の拡大の折の火山活動

アンデス山脈を越えてブラジルに入るとパラナ盆地（Parana Basin）と呼ばれる広大な平原（低地）が広がっている．これは大西洋が拡大したときのスーパープルームで，洪水玄武岩でできた大地である．大西洋の反対側であるアフリカ側には同時代のナミビアのエテンデカ（Etendeka）がある．これはアフリカの東側にあるカルードレライト（Karoo Dolerite）と同じ時代のスーパープルームである．この玄武岩の活動によって大西洋が分裂し拡大した．

パラナ盆地〜南大西洋

南大西洋の研究はきわめて少ない．潜航に関しては赤道近くの海嶺では行われているが，それより南では皆無である．主要国から遠いことと南極の荒れた海が近いことが原因である．そこで北半球の中央海嶺と基本的には変わらないだろうという発想から，ここでは北緯26度のTAGで観察されたことを述べる．

大西洋中央海嶺に潜る　1994年MODE'94というプロジェクトで大西洋へ潜

った．大西洋中央海嶺へ日本の調査船が行くのは初めてであった．これはJAMSTECとWHOI（Woods Hole Oceanographic Institution；ウッズホール海洋研究所）とが潜水調査船を使った共同研究が持たれたからである．WHOIのある米国東海岸のウッズホールから，プエルトリコのサン・フアンまでの約1か月の航海であった．WHOIの岸壁を出港し，大西洋中央海嶺まで4日かかって到着し，北緯26度08分にあるTAGという熱水サイトに潜航した．TAGとは1973年の米国の大西洋横断プロジェクトによる調査で海水の異常が知られた場所であり，そのプロジェクトの名前が付けられた（Trans-Atlantic Geotraverseの頭を取るとTAG：名札となる）．

MODE'94のTAG最初の#216潜航は，パイロットが田代省三，コパイロットが川間格で潜航研究者が筆者であった．水深は3,600 mと海溝に比べてきわめて浅い．巨大な熱水マウンドで煙に巻かれてブラックアウトしたこともあった．無数のチムニーが乱立するTAGでは熱水に潜水船が吸い込まれて天狗のうちわのように空中ならぬ水中に放り出されたこともあった．巨大なチムニーは，その分布や大きさなど詳細は1回の潜航ではわからない．米国やロシアの研究者が過去に置いていった目印（マーカー）が場所の特定には大変役に立った．

TAG熱水マウンドは水深3,600 mからそびえ立つ，直径250 m，高さ70 mの三段重ねのデコレーションケーキのような形をしていて，中央にある巨大なチムニーは高さ20 m以上もあって黒い煙を出していて，天空のラピュタさながら「深海のラピュタ」と名付けられた．ここでは熱水チムニーの分布や時間的な変遷のほかに，深海での潮汐が観測された．海底に設置した圧力計から規則正しい12時間の圧力変化が見られたが，これは海洋潮汐のそれには一致せずに，むしろ地球の固体潮汐とよく合った．TAGでの熱水の息の長い変化を知るために温度測定やまわりの環境変化をモニターするために「マナティ」と呼ばれる機器を設置した．地中の温度変化は「大仏」と名前を付けた1年間観測できる温度計をマウンドに設置した．この結果からは温度も深海の流れもきれいな12時間変動を示すことがわかった．TAGは世界最大級の熱水系の一つであるが，これが最初は海底に線状に並んだ小さな熱水チムニーがやがて巨大な円形劇場のような（米国人はコロッセウムとかアストロドームと呼んでいる）形へと変化するモデルも作られた.

南大西洋～アフリカ・ナミビア

世界で最も古い砂丘のあるナミブ砂漠は世界最古の砂漠である．ここにエテンデカと呼ばれる巨大火成岩岩石区（LIPs）があり，これは大西洋が分裂したときの洪水玄武岩と考えられている．またナミビアではホフマン（P. Hoffman）によって提唱された約6億年前に起こった全球凍結（Snowball Earth）の証拠である氷堆石が見つかっている.

ナミビア～東アフリカリフトゾーン—大地の裂け目と人類の発祥

東アフリカ大地溝帯は今から600万年前からリフトとして形成された．ここで人類が発生したと考えられていた．南西側にはカルードレライトという洪水玄武岩が知られている．これは南極大陸とアフリカ大陸を分離させた洪水玄武岩と考えられている．東アフリカリフトゾーンはケニアからタンザニアに至る全長1,000 kmにも及ぶ大地溝帯で，その中には多くの活火山や湖が知られている．地溝帯は落差が1,700 mほどもあってアイスランドのギャオ同様に正断層でできた活動的な凹地である．まさに大陸が割れて広がる地域である.

東アフリカリフトゾーン～中央インド洋海嶺—インド洋に潜る

インド洋は主要国から遠くにあるために有人潜水船による調査はなされていなかった．1998年9月23日に私は世界で初めてここに潜った．そのため潜水船で三大洋に一番乗りした人間になってしまった．インド洋は中央部で三つの海嶺が1点で交わる海嶺三重点（ロドリゲス海嶺三重点）がある．この三重点から南西（アフリカ側）へ行ったところにある海嶺で潜航が行われた．海底は溶岩だらけでそれは大西洋でも東太平洋海膨でも見慣れた景色であった．インド洋の最初の潜航では「この一歩は人類にとって大きな一歩であった」というアポロ宇宙飛行士のアームストロング船長のような言葉を考えていたが，結局は何もそのようなことは言えなかった．あまりにありふれた光景が最初に目に入ったからである．それでもかつて熱水活動があったような兆候が見られた.

インド洋ではこのときには活動的な熱水は見つけることができなかったが富

士ドームというメガムリオンの重力測定を行った．潜水船の中で重力の測定をするのは難しい．活動的な熱水は2000年にJAMSTECの無人探査機「かいこう」が世界で初めて発見した．

中央インド洋海嶺～インド・デカン高原—大陸移動を証明した溶岩

インド西部には広大な地域を玄武岩溶岩が覆っている．デカン高原である．デカン高原の面積は約50万km^{2}で日本列島より広い．ここには白亜紀の終わりを中心とした大量の溶岩が2,000 mもの厚さの台地を作っている．洪水玄武岩である．ここでは英国の古地磁気の研究者たちが，いろいろな時代の地磁気の伏角を測定して，インドが南極から離れて移動してここまでやってきたことを明らかにした．デカン高原のLIPsの溶岩はどこでもきわめて組成が似ているためにその層序を確立することが難しい．多くが微量元素の違いによって化学層序区分をしている．

デカン高原～ヒマラヤ山脈

ブラマプトラ川はヒマラヤ山脈を越えることができないのでこれを大きく東へ迂回して，南で集まってガンジス川としてベンガル湾へと注いでいる．

デカン高原は大量の溶岩が短時間に流れてできた洪水玄武岩の台地である．ヒマラヤ山脈は東西2,000 kmにも及び，高さも6,000 mを越え世界の屋根と呼ばれている．この山脈を形成する地層はすべてが堆積岩で，海にたまったものである．インド-オーストラリアプレートの北上に伴って，ユーラシアプレートとの間にたまっていた堆積物が，衝突の結果付加して上昇してできたと考えられている．イエローバンドに象徴されるように海棲生物の化石がたくさん出現する．インドの地質は先カンブリア時代の片麻岩からなる楯状地が大部分，デカン高原の溶岩と衝突・付加体のヒマラヤとデリー周辺の広大な平野の沖積層ですべてである．

ヒマラヤ山脈～中国

中国も北米大陸同様に多くの地塊（テレーン）の集合でできた「United Plates of China」である．35億年前の中朝地塊の周辺に順々に若い地塊が寄せ集まって形成された．揚子地塊やその南にある南シナ海までがカンブリア紀の地層である．北にはシベリア地塊などがある．中国のでき方は北米同様に古い地塊のまわりに新しい地塊が衝突付加して次第に大きな大陸へと成長したと考えられている．

中国～韓国

上麻生礫岩のルーツは韓国の片麻岩にあった．これが20億年前の原生代のものであるが，まだ日本列島が大陸にくっついていた時期に，河川によって運ばれて現在の位置にまで来た．あるいは飛騨帯に韓国と同じ時代の河口があったのかもしれない．韓国はほとんどが三畳紀からの花崗岩と変成岩でできている．中央に沃川地溝帯があって変成岩が露出している．ジュラ紀から白亜紀にかけては，シホタリアンから韓国，そして中国にかけては非常の幅の広い花崗岩体が知られている．これらの花崗岩はクラー太平洋プレートの沈み込みによって，大量の地殻が溶けてできたと考える研究者もいる．例えば上田・都城（1974）はこの海嶺の沈み込みこそ後の日本海の形成に関係すると考えている．

韓国～日本海

日本列島の漂移は今から2,000万年ほど前の巨大な割れ目の形成から始まった．東北日本は反時計回りに，西南日本は時計回りに回転しながら日本海が拡大し，日本列島は大陸から離れて現在の位置に来た．この二つの島弧の間にできた南北性の深い割れ目が「フォッサマグナ」である．日本海の真ん中にある大和堆の頂上では，浅い海底に河川の礫が見つかっている．日本海は拡大前には淡水の湖などを作っていて，淡水魚の化石などが出ている．日本海の成因に関していろいろな説があるが，日本列島を漂移させたことについては一致している．

それらの説の主なものは陥没，プルアパート海盆，回転，海洋底拡大などがあるが，筆者は都城の提起したホットリージョンで説明するのがいいと思っている．日本海は今から17 Ma頃からリフトを形成し，フォッサマグナができ，東日本と西日本が回転するに伴って形成された．その変遷は秋田県の男鹿半島によく記録されている．陸成層や火山活動（門前期，台島期）の後，海が入ってきて（西黒沢期）最大の海に至った（女川期）後，徐々に上昇に転じる（船川～北浦期）ということである．第四紀になって日本海を作るプレートが東北日本の下に沈み込みを始め，奥尻海嶺など日本海側がかつては正断層でできていたものが逆断層に転じるテクトニックインバージョン（tectonic inversion）を起こしたと考えられている．

日本海～日本へ帰る

日本海の潜航が終わって我々は秋田から新幹線に乗って仙台を経由し東京へ戻ってきた．仙台から東京へ戻る列車の車中からは右手に火山フロントの山が次々に車窓を流れていった．日本は島弧-海溝系であって，火山フロントに沿って新幹線が走っていることを実感した．

日本列島から真東に行くとさまざまなプレートを横切り，地質学的に重要で活動的な場所を通ることがわかっていただけたと思う．横切ったプレートは，北米，太平洋，ナスカ，南米，アフリカ，ソマリア，インド-オーストラリア，ユーラシアであり，地球を取り巻く多くのプレートであった．フィリピン海プレートを通れないのが残念であった．

日本列島の表層でプレートが動くと，結果としてこれらの多くの地域が何らかの影響を持つことになる．また地下深い場所でも何らかの影響を持ちそうである．

地球はマントルのプルームがゆっくり移動して対流を起こし，その上に乗ったプレートが年間 1 ～ 15 cm の速度で移動し，地震や火山活動，山脈の形成などの地球科学現象を繰り返してきた．マグマオーシャンから海洋地殻やプレートができ，現在に至るまでその活動は続いている．これはその熱源がなくなるまで続くであろう．

あ　と　が　き

NHK ブックスから出版された『深海底の科学』が絶版になって，その後のことを書いた本が望まれていたので筆を執ることになった．1997 年に出たものより新しいものを書くためにいろいろと最近の話題も取り込むよう努力した．書き進めるうちに最近の海洋の研究の早い速度での進捗や，より濃い内容の研究に驚いている次第である．また中には依然として放置されたままになっている未解決の問題もいくつかあった．深海掘削に関しては新しいことをあまり盛り込むことができなかった．観測機器に関しても紙面の関係で書き込むことができなかった．前著は 21 世紀が目前であったために新しい世紀に解決が望まれるさまざまな問題を書き込んだが，21 世紀がすでに 15 年も経ってしまったために割愛した．前著では四つの課題を掲げていた．それらは（1）海洋衛星による全海底の精密な地形図，（2）大深度と極域観測，（3）新しい掘削船による超深海掘削，（4）長期観測システムのネットワーク化であった．（1）～（3）は実際に運用化されているが（4）に関しては予算の関係などで実現していない．海底地形図に関しては衛星による観測の結果全世界で大まかな大地形はすべて網羅されている．ETOPO1 が出回っているが精密な観測という点ではまだまだ観測船による調査が必要である．深海掘削では従来ガラパゴス沖の掘削点 504B の 2,111 m という記録は下北沖の掘削で破られたが，やはり大変なお金がかかるために水深 4,000 m を越えるライザーによる掘削は依然として大きな課題である．深海掘削がカス 1 号でバーミューダー沖で 185 m で終わった頃の課題と同じ金と技術の問題である．むしろ海洋の研究はやや停滞しているのではないかと思われる．地球科学よりもむしろ生命科学のほうが進んでいるように見える．地球科学は災害と資源に特化されているように見える．そのような時期に本書は，これから新課程の研究に従事する人たちに少し過去を振り返っていただくためにはいい機会であったかなと思われる．

1974年に東京大学海洋研究所に移って海洋の研究に入ってからすでに40年が過ぎた．当時お世話になり，深海掘削船グローマー・チャレンジャー号に同乗した奈須紀幸先生も2014年に亡くなられた．この間に多くの論文を書いたりしてきたが，まだまだやりのこしてきた問題が山積みである．それらを本にして残すという時期に来ていると思った．

この本を出すにあたっては，元・産業技術総合研究所の湯浅真人氏には原稿の一部を参考にさせていただき，粗稿を読んで間違いなどを指摘していただいた．富山大学の竹内章氏には島弧や背弧に関して粗稿を読んで有益な指摘を賜った．筆者が素人である生物に関してはJAMSTECの萱場うい子氏や佐藤孝子氏に御教示いただいた部分が少なくない．同じくJAMSTECの木戸ゆかり氏には原稿を読んでもらい，主に終章の地形断面図を描いていただいた．富士原敏也氏には地球物理関係の部分に関していろいろ指摘をしていただき，海溝三重点の鯨瞰図を作っていただいた．これらの方々に紙面を借りて感謝の意を述べたい．

朝倉書店編集部には終始温かい励ましの言葉をいただいた．本書が完成したのはこれらの方々のおかげである．

参　考　図　書

本文中で引用した論文等にくわえ，広く読まれている図書を参考図書として掲載した．

荒俣　宏：大博物学時代，工作社，1982.
シルビア・アール，西田美緒子訳：シルビアの海，三田出版会，1997.
安藤雅孝，吉井敏尅：地震，丸善，1993.
池田清彦：38 億年生物進化の旅，新潮社，2010.
伊藤和明：火山—噴火と災害，カラーブックス，1981.
今井　巧，片田正人：地球科学の歩み，共立出版，1978.
ジョン・インブリー，小泉　格訳：氷河時代のなぞを解く，岩波書店，1982.
シンディ・ヴァン・ドーヴァー，西田美緒子訳：深海の庭園，草思社，1997.
アルフレッド・ウェーゲナー，竹内　均訳：ウェーゲナーの生涯—北極探検に賭けた地球科学者，東京図書，1976.
ジュール・ヴェルヌ，朝比奈美知子訳：海底二万里，岩波文庫，2007.
上田誠也：新しい地球観，岩波新書，1971.
上田誠也，小林和男，佐藤任弘，斉藤常正編：岩波講座地球科学 11 変動する地球 II，岩波書店，1979.
上田誠也，杉村　新：弧状列島，岩波書店，1970.
上田誠也，杉村　新編：世界の変動帯，岩波書店，1973.
上田誠也・都城秋穂：プレートテクトニクスと日本列島．岩波科学，43，1973.
宇佐美龍夫：日本被害地震総覧，東京大学出版会，1998.
氏家　宏：琉球弧の海底，新星図書出版，1986.
宇田道隆：海，岩波新書，1969.
宇田道隆：海洋科学基礎講座 海洋研究発達史，東海大学出版会，1978.
海の話編集グループ：海の話 I ～ V，技報堂出版，1984.
大塚弥之助：山はどうしてできたか，岩波書店，1943.
海溝 II 研究グループ編：写真集 日本周辺の海溝— 6000 m の深海底への旅，東京大学出版会，1987.
貝塚爽平：地形発達史，東京大学出版会，1998.
貝塚爽平，鎮西清高編：日本の山，岩波書店，1986.
掛川　武，海保邦夫：地球と生命—地球環境と生物圏進化，共立出版，2011.
笠原慶一，杉村　新編：岩波講座地球科学 10 変動する地球 I，岩波書店，1978.
レイチェル・カースン，日下実男訳：われらをめぐる海，ハヤカワ文庫，1977.
蒲生俊敬：海洋の科学，NHK ブックス，1996.
川上紳一，東條文治：図解入門 最新地球史がよくわかる本—「生命の星」誕生から未来まで，秀和システム，2006.
河名俊男：琉球列島の地形，新星図書出版，1988.
川幡穂高：地球表層環境の進化—先カンブリア時代から近未来まで，東京大学出版会，2011.
勘米良亀齢，橋本光男，松田時彦編：岩波講座地球科学 15 日本の地質，岩波書店，1980.

日下実男：大深海 10,000 メートルへ，偕成社，1970.
クストー，日下実男訳：世界の海底に挑む，朝日新聞社，1966.
ダニエル・ケールマン，瀬川裕司訳：世界の測量―ガウスとフンボルトの物語，三修社，2008.
小泉武栄：山の自然学，岩波新書，1998.
阪口　豊編：日本の自然，岩波書店，1980.
阪口　豊，高橋　裕，大森博雄：日本の川，岩波新書，1986.
佐々木昭，石原舜三，関陽太郎編：岩波講座地球科学 14 地球の資源／地表の開発，岩波書店，1979.
佐々木忠義編：海と人間，岩波ジュニア新書，1981.
寒川　旭：地震考古学，中公新書，1992.
フランク・シェッツィング，鹿沼博史訳：知られざる宇宙―海の中のタイムトラベル，大月書店，2007.
志賀重昂：日本風景論，岩波文庫，1995.
杉村　新，中村保夫，井田喜明編：図説地球科学，岩波書店，1988.
鈴木弘道：新版 山の高さ，古今書院，2002.
諏訪兼位：裂ける大地―アフリカ大地溝帯の謎，講談社，1997.
諏訪兼位：アフリカ大陸から地球がわかる，岩波ジュニア新書，2003.
カール・セーガン，木村　繁訳：コスモス，朝日文庫，1984.
関　文威，小池勲夫編：海に何がおこっているか，岩波ジュニア新書，1991.
平　朝彦：日本列島の誕生，岩波新書，1990.
平　朝彦，中村一明：日本列島の形成，岩波書店，1986.
チャールズ・ダーウィン，島地威雄訳：ビーグル号航海記，岩波文庫，1961.
高橋正樹：花崗岩が語る地球の進化，岩波書店，1999.
高橋正樹，小林哲夫編：フィールドガイド 日本の火山①～⑥，築地書館，1998 ～ 2000.
竹内　均，上田誠也：地球の科学―大陸は移動する，NHK ブックス，1964.
竹内　均，上田誠也：続 地球の科学，NHK ブックス，1970.
巽　好幸：沈み込み帯のマグマ学，東京大学出版会，1995.
辻村太郎：山，岩波新書，1940.
辻村太郎：地形の話，古今書院，1952.
辻村太郎，佐藤　久，式　正英校訂：改版 日本地形誌，古今書院，1984.
手塚　章編：続 地理学の古典―フンボルトの世界，古今書院，1997.
寺田一彦：海の文化史，文一総合出版，1979.
東京大学海洋研究所編：海洋のしくみ，日本実業出版社，1997.
富山和子：海は生きている，講談社，2009.
長沼　毅：深海生物学への招待，NHK ブックス，1996.
中村一明，松田時彦，守屋以智雄：火山と地震の国，岩波書店，1987.
西村三郎：チャレンジャー号探検，中公新書，1992.
日本海洋学会編：海と地球環境―海洋学の最前線，東京大学出版会，1991.
日本海洋学会編：海と環境―海が変わると地球が変わる，講談社サイエンティフィク，2001.
日本水路協会編：海のアトラス，丸善，1992.
野崎義行：地球温暖化と海，東京大学出版会，1994.
萩原尊禮：地震学百年，東京大学出版会，1982.
原山　智，山本　明：超火山「槍・穂高」，山と渓谷社，2003.
J・ピカール，R・S・ディーツ，佐々木忠義訳：一万一千メートルの深海を行く―バチスカーフの記録，角川書店，1962.
ティアート・H・ファン・アンデル，水野篤行，川幡穂高訳：海の自然史，築地書館，1994.
リチャード・フォーティ，渡辺政隆，野中香方子訳：地球46億年全史，草思社，2009.
リチャード・フォーティ，渡辺政隆訳：生命40億年全史，草思社文庫，2013.
藤岡換太郎：深海底の科学―日本列島を潜ってみれば，NHKブックス，1997.
藤岡換太郎編著：伊豆・小笠原弧の衝突，有隣新書，2004.
藤岡換太郎編著：海の科学がわかる本，成山堂，2010.
藤岡換太郎：山はどうしてできるのか，講談社ブルーバックス，2012.
藤岡換太郎：海はどうしてできたのか，講談社ブルーバックス，2013.
藤岡換太郎：川はどうしてできるのか，講談社ブルーバックス，2014.
藤岡換太郎：海がわかる57の話，誠文堂新光社，2014.
藤岡換太郎編著：日本海の拡大と伊豆弧の衝突，有隣新書，2014.
藤岡換太郎：駿河湾，静岡新聞社，2015.
藤岡換太郎，和田秀樹，岡野　肇：鳥島海山の鯨骨に群がる深海生物群集―しんかい6500による新しい発見．地学雑誌，102，507-517，1993.
藤崎慎吾，田代省三，藤岡換太郎：深海のパイロット，光文社新書，2003.
藤田和夫：日本の山地形成論―地質学と地形学の間，蒼樹書房，1983.
堀田　宏：深海底から見た地球，有隣堂，1997.
アーサー・ホームズ著，ドリス・ホームズ改訂，上田誠也，貝塚爽平，兼平慶一郎，小池一之，河野芳輝訳：一般地質学I，II，III，東京大学出版会，1984.
堀越増興，永田　豊，佐藤任弘：日本列島をめぐる海，岩波書店，1987.
町田　洋，新井房夫：火山灰アトラス，東京大学出版会，1992.
町田　洋，小島圭二編：自然の猛威，岩波書店，1986.
丸山茂徳，磯崎行雄：生命と地球の歴史，岩波新書，1998.
道田　豊，小田巻実，八島邦夫，加藤　茂：海のなんでも小事典―潮の満ち引きから海底地形まで，講談社ブルーバックス，2008.
三松正夫：昭和新山―その誕生と観察の記録，講談社，1970.
都城秋穂：変成岩と変成帯，岩波書店，1965 / 2014.
都城秋穂編：世界の地質，岩波書店，1991.
都城秋穂：地球科学の歴史と現状―「地質学の巨人」都城秋穂の生涯，東信堂，2009.
L・J・ミルン，M・ミルン，村内必典訳：山，パシフィカ，1977.
村山　磐：日本の火山災害，講談社ブルーバックス，1977.
山下文男：哀史三陸大津波，青磁社，1982.
湯浅真人・村上文敏：小笠原弧の地形・地質と孀婦岩構造線．地学雑誌，94，115-134，1985.
吉井敏尅：日本の地殻構造，東京大学出版会，1979.
吉川虎雄：大陸棚，古今書院，1997.
吉村　昭：海の壁，中公新書，1970.
吉村　昭：漂流，新潮文庫，1980.
ウィリアム・ルーベイ，L・V・バークナー，L・C・マーシャル，竹内　均訳：海水と大気の起源，講談社，1976.
Amante, C. and B. W. Eakins：ETOPO1 1 arc-minute global relief model: Procedures, data sources and analysis. NOAA Technical Memorandum NESDIS NGDC-24. National Geophysical Data Center, NOAA. 2009. doi：10.7289/V5C8276M [9 May 2016].
Cann J. R., D. K. Blackman, D. K. Smith, E. McAllister, B. Janssen, S. Mello, E. Avgerinos, A. R. Pascoe and J. Escartin：Corrugated slip surfaces formed at ridge-transform inter-

sections on the Mid-Atlantic Ridge. *Nature*, 385, 329-332. 1997.
Carr, M. J., R. E. Stoiber and C. L. Drake：The segmented nature of some continental margins. In *Geology of Continental Margins*, C. A. Burk and C. L. Drake Eds, Springer-Verlag, 105-114, 1974.
Clarke, F. W. and S. Washington：*The Composition of the Earth's Crust*, U.S. Geological Survey, Professional Paper 127, 117pp, 1924.
Fryer, P.：Mud volcanoes of the Marianas. *Scientific American*, 266, 46-52, 1992.［P・フライアー，藤岡換太郎訳：マリアナ海溝の泥火山．日経サイエンス，1992 年 4 月号，84-92, 1992.］
Fujioka, K., T. Gamo and M. Kinoshita Eds.：Cruise Report of the Fleet of JAMSTEC for Deep Sea Research No. 1, MODE'94 Shinkai 6500 Dives in Tag Hydrothermal Mound on the Mid Atlantic Ridge. JAMSTEC, 1995.
Hilde, T. W. C.：Sediment subduction versus accretion around the Pacific. *Tectonophysics*, 99, 381-397, 1983.
Ludwig, W. L., S. Murauchi and R. E. Houtz：Sediments and structure of the Japan Sea. *Geological Society of America Bulletin*, 86, 651-664, 1975.
Maruyama, S.：Plume tectonics. *The Journal of the Geological Society of Japan*, 100, 24-49, 1994.
Miyashiro, A.：Classification characteristics, and origin of ophiolites. *The Journal of Geology*, 83, 249-281, 1975.
Miyashiro, A.：Hot regions and the origin of marginal basins in the western Pacific. *Tectonophysics*, 122, 195-216, 1986.
Taira, A., T. Byrne and J. Ashi：*Photographic Atlas of an Accretionary Prism: Geologic Structures of the Shimanto Belt, Japan*, University of Tokyo Press, 1992.
Tamura, Y.：Hot fingers in the mantle wedge：New insights into magma genesis in the subduction zones. *Earth and Planetary Science Letters*, 197, 105-116, 2002.
Uyeda, S. and A. Miyashiro：Plate tectonics and the Japanese islands: A Synthesis. *Geological Society of America Bulletin*, 85, 1159-1170, 1974.
von Huene, R. and S. Lallemand：Tectonic erosion along Japan and Peru convergent margins. *Geological Society of America Bulletin*, 102, 704-720, 1990.

地図

海上保安庁水路部：海底地形図 第 6602 号 東海・紀伊沖，1/500000，1993.
海上保安庁水路部：海底地形図 第 6311 号 北海道，1/1000000，1980.
海上保安庁水路部：海底地形図 第 6312 号 東北日本，1/1000000，1980.
海上保安庁水路部：海底地形図 第 6313 号 中部日本，1/1000000，1982.
海上保安庁水路部：海底地形図 第 6314 号 西南日本，1/1000000，1983.
海上保安庁：海底地形図 第 6315 号 南西諸島，1/1000000，1993.
帝国書院編集部編：新詳高等地図，帝国書院，2014.
日本水路協会：海底地形図 H-1001 日本南方海域，1/2500000，1991.

索　引

ア　行

カ　行

サ　行

タ　行

ナ　行

ハ　行

マ　行

ヤ　行

ラ　行

ワ　行

著者略歴

ふじおかかん たろう
藤岡換太郎

1946 年　京都府生まれ
1974 年　東京大学理学系大学院修士課程地質学専攻修了
東京大学海洋研究所助手，海洋科学技術センター深海研究部研究主幹，グローバルオーシャンディベロップメント観測研究部長，海洋研究開発機構特任上席研究員を経て
現　在　神奈川大学非常勤講師
理学博士
専攻は海洋地質学，岩石学，地球科学
著　書　『深海底の科学』（NHK ブックス，1997），『海はどうしてできたのか』（講談社ブルーバックス，2013），『相模湾』（有隣堂新書，2016）など

深海底の地球科学　　定価はカバーに表示

2016 年 11 月 15 日　初版第 1 刷

著　者　藤　岡　換　太　郎
発行者　朝　倉　誠　造
発行所　株式会社　朝　倉　書　店
東京都新宿区新小川町 6-29
郵 便 番 号　162-8707
電　話　03(3260)0141
FAX　03(3260)0180
http://www.asakura.co.jp

〈検印省略〉

新日本印刷・渡辺製本

ISBN 978-4-254-16071-0　C 3044　Printed in Japan